新时代高校
"三全育人"理论研究
与实践创新丛书

**XIN SHIDAI
GAOXIAO**
SAN-QUAN YUREN
LILUN YANJIU
YU SHIJIAN CHUANGXIN
CONGSHU

新时代高校科研育人

理论与实践

主　编　任旭东　马国建

副主编　赵　明　祝　俊　李　强
　　　　王　勇　李　军　赵观兵

江苏大学出版社
JIANGSU UNIVERSITY PRESS

镇　江

图书在版编目(CIP)数据

新时代高校科研育人理论与实践 / 任旭东,马国建
主编. — 镇江 :江苏大学出版社,2021.4
(新时代高校"三全育人"理论研究与实践创新 /
李洪波主编)
ISBN 978-7-5684-1604-7

Ⅰ. ①新… Ⅱ. ①任… ②马… Ⅲ. ①高等学校—科
学研究—人才培养—研究—中国 Ⅳ. ①G322

中国版本图书馆 CIP 数据核字(2021)第 061476 号

新时代高校科研育人理论与实践
Xin Shidai Gaoxiao Keyan Yuren Lilun yu Shijian

主   编/任旭东   马国建
责任编辑/张小琴
出版发行/江苏大学出版社
地   址/江苏省镇江市梦溪园巷 30 号(邮编:212003)
电   话/0511-84446464(传真)
网   址/http://press. ujs. edu. cn
排   版/镇江市江东印刷有限责任公司
印   刷/江苏凤凰数码印务有限公司
开   本/710 mm×1 000 mm   1/16
印   张/10.75
字   数/187 千字
版   次/2021 年 4 月第 1 版
印   次/2021 年 4 月第 1 次印刷
书   号/ISBN 978-7-5684-1604-7
定   价/46.00 元

如有印装质量问题请与本社营销部联系(电话:0511-84440882)

总　序

　　习近平总书记强调，高校立身之本在于立德树人。党的十八大以来，习近平总书记对教育事业特别是培养社会主义建设者和接班人工作高度重视，多次强调"要坚持把立德树人作为中心环节，把思想政治工作贯穿教育教学全过程，实现全程育人、全方位育人，努力开创我国高等教育事业发展新局面""要把立德树人的成效作为检验学校一切工作的根本标准""要把立德树人内化到大学建设和管理各领域、各方面、各环节，做到以树人为核心，以立德为根本"等等。习近平总书记的重要论述为进一步开创新时代高校思想政治工作新局面指明了方向。2017年12月，教育部印发《高校思想政治工作质量提升工程实施纲要》，强调要充分发挥课程、科研、实践、文化、网络、心理、管理、服务、资助、组织方面工作的育人能力，构建"十大"育人体系，大力提升高校思想政治工作质量。2020年4月，教育部等八部门联合印发《关于加快构建高校思想政治工作体系的意见》，强调要健全立德树人体制机制，加快构建目标明确、内容完善、标准健全、运行科学、保障有力、成效显著的高校思想政治工作体系。

　　江苏大学历来重视思想政治工作，紧扣立德树人根本任务，按照"贴近实际、贴近学生、贴近生活"的要求，逐步构建形成了"全员化参与、全过程教育、全方位引导、全媒体跟进"的"四全"学生成长成才服务引导体系。学校多次荣获"江苏省高校思想政治工作先进集体"，学校思想政治工作经验入选教育部《高校德育成果文库》，教育部《加强和改进大学生思想政治教育工作简报》6次刊发学校经验做法，2016年12月8日全国高校思政工作会议结束当天，专题刊发《江苏大学以实施思想政治教育质量提升工程为抓手加强大学生思想政治教育》。2019年1月，学校获批为教育部"三全育人"综合改革试点高校。

以试点建设为契机，江苏大学认真贯彻落实党中央的决策部署和江苏省委、教育部的工作要求，以立德树人为根本，以强农兴农为己任，积极推进"三全育人"综合改革，健全"三全育人"体制机制。以"十大"育人体系为载体和依托，充分整合全校育人力量，着力构建育人机制"大协同"、思政教育"全贯通"、育人要素"强融合"的"大思政"格局，一体化构建内容完善、标准先进、运行科学、保障有力、成效显著的"三全育人"工作体系，打造"知农爱农、工中有农、以工支农、强农兴农"育人特色，形成了育人的江苏大学模式和经验。

为总结"三全育人"综合改苣的经验，江苏大学组织编写了"新时代高校'三全育人'理论研究与实践创新"系列丛书。本套丛书共 11 本，包括 1 本"三全育人"总论和 10 本"十大"育人专题论著，主要介绍了"三全育人"及课程育人、科研育人、实践育人、文化育人、网络育人、心理育人、管理育人、服务育人、资助育人、组织育人的基本理论和江苏大学的具体实践。总论以高校"三全育人"及其实践探索为对象，围绕如何在新时代开展"三全育人"工作，践行立德树人的根本仓命展开论述，从理论和实践两个层面全面阐述了"三全育人"的理论逻辑与实践路径。10 本专题论著分别围绕"十大"育人体系的理论与实践展开论述，力图呈现江苏大学在习近平新时代中国特色社会主义思想指导下，大力推进"三全育人"工作，全面落实立德树人根本任务方面的理论依据、实践探索和方案启示。

沐浴新的阳光，播种新的希望。随着中国特色社会主义进入新时代，我国高等教育也进入新的发展阶段。新时代高等教育面临着新形势、新任务，那就是要适应建设高等教育强国需要，适应高校思想政治工作质量提升需要，着力健全和完善全员全过程全方位育人格局，大力培养能够担当民族复兴大任的时代新人。发展没有终点，改革永无止境，实践不会终结。站在新的起点上，我们要始终坚持以习近平新时代中国特色社会主义思想为指导，增强"四个意识"，坚定"四个自信"，做到"两个维护"，坚定不移地全面贯彻党的教育方针，始终坚持社会主义办学方向，坚守为党育人、为国育才的初心，改革创新，奋发进取，以坚如磐石的信心、只争朝夕的干劲、坚忍不拔的毅力，立足新发展阶段，贯彻新发展理念，服务构建新发展格局，推动"三全育人"综合改革不断走向深入，在育人工作中创造出无愧于新时代的新业绩，努力创造"三全育人"的江苏大学实践、江苏大学经验。

期望本套丛书能为我国高等教育深化"三全育人"改革、落实立德树人根本任务、推进高质量发展贡献绵薄之力，为兄弟院校提供些许借鉴，不胜欣慰。

2021.4.19

前　言

　　科研育人是新时代我国建设世界一流大学、世界一流学科的内在要求和本质特征，是培养德智体美全面发展的社会主义建设者和接班人的必然选择。新时代高校深入开展和实施科研育人，是走"内涵式发展道路"的必然。"要培养造就一大批具有国际水平的战略科技人才、科技领军人才、青年科技人才和高水平创新团队，力争实现前瞻性基础研究、引领性原创成果的重大突破"，也必须依靠高校科研育人工作的内生性增长。

　　科研就是从事科学研究，主要侧重于对已有知识进行深入分析并探索出新的内容；而育人主要侧重于对学生素养、品格和人格的养成。高校科研育人是以科研活动为载体，围绕立德树人根本任务，运用科研手段对学生实施培养科研能力、塑造科研品德、促进全面发展的综合教育过程，是高校培养新时代所需的高素质创新人才的教育实践活动。高校科研育人要求教师结合科研活动对学生进行思想政治教育，既提高学生的科研能力水平，也提高学生的思想政治素质，将思想政治工作融入科研活动，是一种有目标、有意识的教育模式。科研育人要求高校充分发挥科研的育人功能，挖掘育人要素，理顺育人逻辑，完善育人机制，优化科研环节和程序，改进学术评价方法，完善科研评价标准，促进成果转化应用，按照教育规律和人的发展规律，立足科研活动各环节，把思想引领和价值塑造贯穿于项目选题、科研立项、学术研究、成果运用等过程，引导师生在此过程中树立正确的政治方向、价值取向和学术导向，培养师生至诚报国的理想追求、敢为人先的科学精神、开拓创新的进取意识和严谨求实的科研作风。

　　2019 年 1 月，江苏大学获批教育部"三全育人"综合改革试点高校。在学校党委行政的领导下，科研育人工作组根据学校相关文件精神，以立德树人为根本任务，结合江苏大学的发展定位、人才培养目标、科研基础条件，提出

"5＋1"的科研育人体系，即以学生为核心，从科研精神传承、科教融合、创新导师＋创新科研、科研实践、产学交流 5 个维度搭建江苏大学科研育人体系，建立多方位的科研育人协同机制，在传承科研精神、学习科研理论、参与科研过程、运用科研成果中培养学生的科学精神、科研水平、学术道德和服务社会的能力。

基于以上背景，在学校的支持下，编者编写了本书。本书共分为 5 章，第一章阐述科研育人的基本内涵、特点、功能及实施科研育人的必要性；第二章分析了马克思主义人才培养观及高校科研育人的历史传承；第三章考查现阶段我国科研育人的基本模式，分析实施路径；第四章结合具体案例、典型人物，从平台、团队、科教、产学研协同、科研思政等角度总结江苏大学科研育人的实践经验；第五章对科研育人工作提出对策建议并展望今后的工作。

其中，第一章、第二章、第三章、第五章由赵明编写，第四章由王勇、李强、祝俊、赵观兵编写。全书的结构把握和案例的甄选由任旭东和马国建负责。本书在写作过程中还得到了晏昶皓、姚舟、张斌等的协助，同时，江苏大学图书馆提供了大量的案例素材。对于他们的支持，在此一并表示感谢。

由于编写人员水平有限，书中难免存在不足之处，敬请读者批评指正。

编　者

2021 年 1 月

目　录

第一章　高校科研育人概论

在 2018 年全国教育大会上，习近平总书记指出："培养什么人，是教育的首要问题。"他强调："我国是中国共产党领导的社会主义国家，这就决定了我们的教育必须把培养社会主义建设者和接班人作为根本任务，培养一代又一代拥护中国共产党领导和我国社会主义制度、立志为中国特色社会主义奋斗终生的有用人才。这是教育工作的根本任务，也是教育现代化的方向目标。"2017 年 2 月，中共中央、国务院印发的《关于加强和改进新形势下高校思想政治工作的意见》提出，坚持全员全过程全方位育人。围绕这些要求，高校要把立德树人作为根本任务，在高校教育工作中融入思想道德教育、文化知识教育、社会实践教育等，把思想政治工作贯穿教育教学全过程，把思想价值引领贯穿教育教学全过程和各环节，形成教书育人、科研育人、实践育人、管理育人、服务育人、文化育人、组织育人长效机制。教育部在 2017 年年底发布了《高校思想政治工作质量提升工程实施纲要》，该文件是对《关于加强和改进新形势下高校思想政治工作的意见》精神的进一步深化，文件指出，构建"十大"育人体系是思想政治教育提升工程的基本任务，其中科研育人已然成为当代高等教育人才培养的最前沿要素。科学研究作为一种高效率的教学形式，应当成为高校学生重要的学习模式。教学与科研相融合，才能培养出真正的创新型人才。二者之间存在对立统一的关系。

第一节　高校科研育人的基本内涵

科研育人在不同学科体系中的内涵有所不同。在思想政治教育学的视野下，高校科研育人更多强调的是如何在指导大学生参加科研活动的过程中，培养和提高大学生的思想道德素质，培养大学生正确的世界观、人生观和价值观。从教育学或高等教育学的角度出发，高校科研育人是指指导大学生参与科学研究相关活动，通过科学研究方法与能力的培养，提升他们以科研能力为核心的全面素养，与课程教学育人等方面相辅相成，共同完成高校全面育人的终极目标。从人的全面发展的角度来讲，育人应是全面的，不仅包括思想道德水准的提高，还应包括知识技能的学习掌握，二者并重，但以前者为前提和基础。

科研育人是适应时代发展的育人模式，是一种有目标、有责任、有意识的教育引导行为，是培养大学生综合素质和创新能力的有效方式。科研育人是一种教育行为，能够促进高等院校实现全员育人；科研育人是一种历史责任，能够强化高校教师的育人意识；科研育人是一种目标导向，能够激励大学生的科技创新行为。新时代坚持科研育人，就是坚持高校约束引导学生，构建学生向往科技创新、重视科学研究、掌握科研方法、创新科研成果的行为导向机制；就是坚持教师激励影响学生，构建教师用言传身教带动学生、用最新科技成果鼓舞学生、用严细深实的科研精神塑造学生的教育模式；就是坚持学生主动参与，构建引导学生在课堂听课中捕捉科技前沿知识、在课外活动中提高科研动手能力、在学生交流互动中增强科研信心和勇气的学生活动体系。新时代实现科研育人，要积极探索开展科研育人的方法渠道，努力探求科研育人与教学工作、学生管理工作、学校服务保障工作的结合点；要大力营造有利于科研育人的教育教学和管理氛围，构建科研育人的美好环境，培养大学生崇尚科研的积极心理；要深度挖掘高校潜力，组织动员学校各方面力量服从服务于科研育人工作，形成科研育人的合力；要构建高校科研育人的良好机制，将科研育人纳入学校目标考核体系，强力推进科研育人工作①。

高校科研育人应将学生思想道德品质的培养贯穿于指导学生开展科研活动的始终，在培养提高大学生科研方法与能力的同时，重点培养他们具有爱国胸怀不甘落后、践行科学精神知难而上、训练严谨思维知行合一、遵循科学规律循序渐进的思想品质②。

① 陆锦冲. 高校科研育人：内涵·方向·途径 [J]. 高等农业教育，2012 (9)：3-5.
② 毛现桩. 大学科研育人：内涵意蕴、本质特征与时代价值 [J]. 安阳工学院学报，2020，19 (3)：91-93.

第二节　高校科研育人的特点

一、 高校科研育人具有物质与精神的双重超越性

马克思认为，劳动是人的本质属性。教育的根本目的在于促使人的解放并实现人的全面发展，而科研活动本质上是一种特殊的人类劳动。较之普通劳动，科研活动更具探索性、创造性和超越性。在科研实践活动过程中，科研参与者追求的是研究成果的产出性、新方法新手段的适用性、改造客观世界的效用性等。这种超越常态、自主探索的教育实践活动本质上是一个创新求异、改造物质世界对人束缚的过程，也是一种物质超越的过程。然而，这一物质超越过程同时也必将伴随着科研参与者不畏艰险、知难而上、打破精神困惑的精神超越，而这种由物质超越过渡到精神超越的双重超越恰恰是解放个性、完善人格的独有方式，科研在这个意义上实现了育人的本质要求。

二、 高校科研育人具有合规律与合目的的高度统一性

科研活动是一种认识世界并改造世界的科学劳动，属于一种特殊的认识与实践的辩证关系。在大学科研活动中，大学生参与者要充分认识到实践与认识的辩证统一关系和认识的螺旋式上升规律。大学生参与科研活动一方面是将自己的专业知识、理论习得应用于科研实践，深化对专业理论知识的再认识；另一方面是在教师指导下培养自己严谨科学的思维方式和求真务实的治学态度的过程。大学生良好思想品德的树立是一个复杂的系统工程，需要多方因素共同作用，单纯的理论说教或是个人沉浸式的理论诵读可能都不如亲身实践的效果更直接，影响更深刻。在科学研究的实践探索中，研究者的思想品德与其科研行为之间相互影响，互为作用，有利于养成严谨务实、勤奋刻苦、诚实守信、攻坚克难的精神品质。因此，高校科研活动具有内在的育人动力，是适合于人的精神品格养成的良好途径。高校科研育人的过程是指在科学探索实践中实现育人的目标，是一项合规律性与合目的性相统一的教育实践。

三、 高校科研育人是高校科研教育属性与高校教师本质属性的统一

培养专业人才、从事科学研究和服务社会是大学的职能，大学的根本任务是培养人才，一切活动都需围绕人才培养来展开。高校科研具有教育性的本质属性，这是高校科研的"遗传基因"所决定的。高校科研具有两种功能，即产出知识和培养人才，只不过高校科研的教育属性是指向人的精神和灵魂的，与通识教育、博雅教育的教育理念相契合，属于广义的教育。在人才培养方面，目前高校具有教学过程科研化的发展趋势。无论是本科阶段的课程实验、毕业设计、学士论文，研究生阶段的课程论文、硕士论文、博士论文，还是第二课堂的诸如"挑战杯"等比赛，均需要学生进行一定的科学研究实践活动，并需要教师（包括任课教师和培养导师）的指导，而指导的过程就是育人的过程。因此，其实无论是在教学过程中还是在科研探索中，当代教师时时处处都在育人。高校科研育人反映了科研教育属性和高校教师教书育人的本质属性的统一①。

第三节　高校科研育人的功能

科研育人本质上是一种实践活动。科研育人是高校德育的一个重要途径，这不仅是因为科研本身的教育性，还因为科研育人的过程是塑造学生科研精神、磨炼学生科研技能、训练学生服务社会的重要形式。

一、 高校科研育人能够培养学生的良好学风

虽然中国知识分子历来就有严谨扎实、淡泊名利的优良品质，也非常注重培养良好的学风，但如今青年学生，乃至学术界还是出现了急功近利、追逐名利、浮躁，甚至剽窃他人成果等不良风气。学生通过参与科研活动，可以了解科研本身就是真真实实地做学问，是不允许弄虚作假的。任何一项科研成果，都不可能是一个人努力的结果，都吸收了前人和今人的研究成果；任何一种新

---

① 毛现桩. 大学科研育人：内涵意蕴、本质特征与时代价值［J］. 安阳工学院学报，2020，19（3）：91－93.

的科学理论的提出，都是总结、概括实践经验的结果。因此，应确立严谨的学风，树立团结协作的精神，养成尊重他人的美德。

二、 高校科研育人能够培养青年学生的完整人格

无论是自然科学、工程技术，还是人文社会科学，其研究活动和研究成果都对学生的人格和能力的培养起着重要作用，而且几乎每一所高校都是多学科的，其影响面都是比较宽泛的。如学生参与或从事数学研究，可以形成严密的逻辑推理能力；参与或从事物理研究，可以养成科学精神；参与生物技术尤其是生命科学技术研究，可以增强对生命意义的理解，珍惜人生；参与或从事地球科学研究，可以增强对未知世界的感知；参与或从事传统文化研究，可以进一步完善自己的道德；参与或从事历史文化研究，可以进一步汲取深厚的文化营养，还可以增强明智能力；参与或从事法学研究，可以进一步增强自己的法治观念；等等①。

三、 高校科研育人是学生科学认识的重要手段

科学研究的任务，一般来说，是围绕着人类实践的需要这个中心来确定的。学生通过参加科研活动能感受到社会和国家的需要，从而进一步明确努力的方向，激发社会责任感和历史使命感。恩格斯说："社会一旦有技术需要，这种需要比十所大学更能把科学推向前进。"有些学生由于缺乏正确的人生观和世界观，不能正确理解人生的价值，对学业没有太高的要求，对人生的目标也没有太多的规划。但是他们参加科研活动后，被教师顽强拼搏的精神所感动，对自己作为国家青年一代的责任意识有了认识，自身的学习热情和献身祖国建设事业的道德情感得以激发。

从认识论上来看，科研是学生获取知识最丰富、最生动的平台和源泉。毛泽东同志指出："人的正确思想，只能从社会实践中来，只能从社会的生产斗争、阶级斗争和科学实验这三项实践中来。"的确，人类认识首先是从生动的、直观的实践活动开始的，这应该是人类认识的发展过程的一般规律。从科研育人视角来看，学生参加科研活动不但能巩固所学知识，而且能

---

① 崔明德."科研育人"论纲［J］.烟台大学学报，2001，14（2）：220－225.

有效扩大知识面，解决在课堂教学上无法解决的学习目的和学习态度等思想认识问题，促进他们对抽象性关系和联系的正确思考，从而得出正确的结论。大量创新的成果和新的发现能培养他们的好奇心，激发他们探求未知的兴趣和主观能动性。

四、 高校科研育人能够促进知与行相统一

"知与行的统一即理论与实践的统一。当一个人的行动完全受自己的思想支配，其行为出于自觉的时候，他们的思想和行为就达到了统一；当一个人的思想不能支配自己行为的时候，他的思想与行为就处于对立或由对立统一转化的关系之中。"科研育人是帮助学生的思想与行为达到统一的重要途径，它能促使正确的行为产生并巩固成为自觉行为，从而达到知与行的统一。例如，大学生都知道团队的力量，但是否能落实到行动中，则要在科研团队中磨炼。

五、 高校科研育人能够促进学生心理成熟

青年学生正处于走向成熟而又不完全成熟的阶段，心理上呈现出一系列矛盾，这在政治信念、人生观、价值观等方面都有明显表现。例如，一些学生理想远大，自我期望值高，却又不愿吃苦，不善于与他人共事。形成这些问题的原因很多，其中一个重要原因就是缺乏实践锻炼，对社会现实缺乏深入全面的了解。如果在科研实践中对他们进行恰当的引导，注重培养他们良好的心理素养，对于解决学生这些情绪纠结和心理矛盾、促进他们心理成熟和健康发展是十分有利的①。

第四节 高校实施科研育人的必要性

一、 实施科研育人是高校坚持社会主义办学方向和立德树人根本任务的必然要求

在《共产党宣言》中，马克思和恩格斯第一次明确提出了社会关系决定教

---

① 刘在洲，段溢波. 大学科研育人的时代价值与意蕴本源［J］. 湖北社会科学，2019（8）：170－174.

育的原理，认为教育是由社会通过学校进行的直接或间接的干涉决定的。中国特色社会主义制度决定了我国的高等教育要坚持社会主义办学方向，坚持立德树人的根本任务，这就需要加强对青年学生的思想品德教育。青年学生的思想政治素质是衡量其是否成功成才的首要标准。高校是一个科教融合、学研相济的统一体，思想政府教育工作的实施，除了包括高校政工队伍开展的各项教育，还包括高校教师在课堂教学外对当代大学生实施的富含思政元素的教育。科研活动是高校教师开展的一项特殊的社会实践活动，在科技愈发显示其是第一生产力的当下，高校科研活动在高校人才培养中越来越被重视，科研活动中的育人素材越来越得以显现，科研活动的育人职能越来越凸显出来。因此，高校科研育人是坚持社会主义办学方向和高校立德树人根本任务的必然要求。

二、 实施科研育人是新时代下高等教育变革的动力

十九大报告中明确要求"实现我国高等教育的内涵式发展"，这是新时代背景下对我国高等教育提出的新要求。实现高等教育的内涵式发展，就要把高等教育发展的重心从数量和规模转移到人才培养质量和可持续发展的轨道上来。高校是一个科教融合共生的共同体，科研和教学不能孤立存在，科研活动融合了教学、研究和文化因素，构成天然和谐的育人体系。科研活动中的教师理论讲授和学生知识运用等环节本身就是很好的教与学的体现，并且是一种效率很高的教学模式。科研活动中的研究过程能够很好地培养青年学生独立思考、严谨治学、攻坚克难的良好思想品质。科研活动的开展有利于在高校形成浓厚的学术环境和研究氛围，使青年学生沐浴在充满人文精神和科学素养的文化环境中，在潜移默化中熏陶学生养成良好的思想品德。总之，高校科研育人通过科教融合、教研相济的方式，实现了高等教育教学与研究的结合，是实现新时代高等教育转型、提升高校创新能力、培养创新型人才的重要突破口。因此，高校科研育人是新时代高等教育变革的动力。

三、 实施科研育人是高校实现 "三全育人" 的重要体现

习近平总书记在全国高校思想政治工作会议上指出，要坚持把立德树人作为中心环节，把思想政治工作贯穿教育教学全过程，实现全员育人、全程育人和全方位育人，努力开创我国高等教育事业发展新局面。大学科研活动的参与

主体涵盖了高校的所有教师，有的以指导学生毕业论文的形式体现，有的以给学生布置课程研究作业或课程论文的形式体现，还有的以辅导学生参加科研挑战类比赛的第二课堂形式体现。在各个科研环节中，每一个参与的教师主体都在履行育人职责，基本实现了全员育人格局，育人无不尽责。高校各类科研活动按照人才成长规律贯穿教育教学全过程和学生成长成才的全过程。低年级阶段重点培养学生的科研兴趣，使他们了解并掌握基本的科研素养；中年级阶段重点强化科研训练，培养学生的创新能力；高年级阶段则重点培养学生独立开展科研的能力，通过毕业设计或毕业论文的撰写，逐步让学生在科研之路上独立行走，实现育人无时不有，伴随学生成长成才的始终。高校科研活动的开展形式多样、方法灵活，可以采用课堂讲授，也可以实行网上指导，还可以组织校外调查等。但是，无论采用何种形式，育人的本质都是不变的，那就是寓思想政治教育于科研活动之中。因此，高校科研育人是"三全育人"的重要体现。

四、 实施科研育人是高校实施素质教育的内在要求

素质教育既是民族发展和进步的基础，又是提高全民族整体素质和创新能力的重要途径。高校素质教育主要包括思想道德素质、科学文化素质和健康素质三个方面的内容。其中，思想道德素质是方向和灵魂，居于首要地位，对其他素质的培养具有把控全局的重要作用。除思想道德素质外，学生的个性与创新能力的培养和发展同样是高校素质教育的重要内涵，而个性与创新能力又是与科学研究紧密结合的个人品质和特性。众所周知，科学研究的本质在于产出新理论、新成果、新方法。教师指导青年学生参与科研活动，不仅培养他们的创新精神，还促进其个性发展，整个过程中，将无形的思想道德素质培养蕴含于有形的科研实践活动中，使原本抽象的学生思想道德品质教育具体化、有质感、可操控。因此，以科研活动为抓手开展高校素质教育是新时代背景下提升大学生素质教育的内在要求和有效途径①。

---

① 刘在洲，段溢波. 大学科研育人的时代价值与意蕴本源 [J]. 湖北社会科学，2019（8）：170－174.

五、 实施科研育人是高校提升科技创新力的必然要求

中国要强盛、要复兴，就一定要大力发展科学技术，努力成为世界主要科学中心和创新高地。要实现这一宏伟目标，必须培养一大批高级专门人才。这些高级专门人才不但要有过硬的知识本领、高强的能力水平，而且要有科学报国、服务人类的理想追求，以及树立勇于创新、敢为人先的科研目标；要有淡泊名利的奉献精神、潜心钻研的拼搏精神、善于协同的团队精神；要有严谨求实的学术诚信、求真求知的科学态度、严谨求实的学术诚信和科技伦理、敢于怀疑的批判精神。而这些素质一方面需要在科研实践中学习感知、熏陶磨炼，通过科研育人养成获得；另一方面，学生一旦具备了这些素质，必将选择正确的科研价值取向，激发科研热情和信念，从而促进国家科技创新持续高质量发展。可见，科研育人是国家科技创新的强大动力①。

---

① 毛现桩. 大学科研育人：内涵意蕴、本质特征与时代价值 [J]. 安阳工学院学报，2020，19（3）：91-93.

第二章　高校科研育人的理论基础

第一节　马克思主义人才培养观

马克思主义人才观主要由马克思人才观、恩格斯人才观和中国化的马克思主义人才观三个部分构成。马克思主义人才观建立在唯物主义辩证法基础上，坚持人民是历史的主体和发展动力，人民创造历史，劳动创造财富；坚持以最广大人民的根本利益为党的一切工作的最高标准。马克思坚持理论与实践在最广大人民根本利益基础上的统一，并把这一基本精神贯穿到为全人类谋解放的全部理论和实践当中，创立了"共产主义"的人才观。

马克思认为："人们的观念、观点和概念，一句话，人们的意识，随着人们的生活条件、人们的社会关系、人们的社会存在的改变而改变。"各类人才是历史发展及其需要的产物，社会存在决定社会意识，人才实践的目标、能力和水平都受到各个时代具体经济社会发展水平的限制，"人类始终提出自己能够解决的任务，因为只要仔细考察就能发现，任务本身，只有在解决它的物质条件已经存在或者至少是在生成过程中的时候，才能产生"，这就要求人才的素质和行为必须符合历史发展的方向和要求，适应社会多方面的需要。人才的素质和行为必须符合人民的根本利益，而人民的根本利益是马克思"共产主义"人才观的立足点和出发点；人才的使用和评价必须以人民的根本利益为准绳；实践评价是理论与实践相统一的中介，是"共产主义"人才观的重要内容。

恩格斯针对共产主义事业发展的需要，提出人才应具备"坚定的信念""正直""勇气和毅力""善良的愿望"等基本素质。恩格斯十分重视人才的教育和培养，他认为，要对无产阶级运动有益处，这些人必须带来真正的教育者。同时教育能够使年轻人很快熟悉整个社会生产系统，摆脱现在这种分工给每个人造成的片面性，全面发挥他们的才能。

马克思主义人才观强调，人才是推动经济社会发展的重要因素。当今世界，知识经济已成为世界经济的主流，最终决定一个国家和地区经济发展速度和效益的不是物质资本而是人力资本。在科技创新和高新技术产业化中，人才具有不可替代的决定性作用，是经济发展和社会进步最具革命性的推动力量。在物质生产方面，人才作为重要的生产要素，不仅有一般的生产要素所具有的"生产功能"，而且具有提升自身及其他生产要素质量和效率的独特功效，这是其他生产要素所不具备的①。

第二节　高校科研育人的历史传承

科研育人是与高校科研相伴相生的，而高校科研自高校诞生就出现了。西方高校的起源可以追溯到被后人所称的柏拉图学园，从柏拉图学园时代到欧洲中世纪，虽然没有明确赋予高校科研的职能，但大学的教学更像是师生在一起共同探讨高深学问的研究。比利时教育学家希尔德·德·里德－西蒙斯在《欧洲大学史——中世纪大学》一书中对中世纪大学的教学，即人才培养的组织形式进行了研究："中世纪大学里经院哲学的教学中特有的'评注'方式，使教师和学生形成讨论互动，讨论逐渐演化为'辩论'，而后辩论转变为'研究'，最终向学生传授知识，培养人才。"这一时期，科研育人不为人所关注，隐藏于教学即人才培养之中。直到19世纪初，威廉·洪堡创办柏林大学后，科研育人才随着科研职能的闪亮登场而走上前台，科研和教学共同承担起育人的功能，为高等教育史翻开了崭新的篇章。

洪堡的科研育人观体现在他对大学职能的解读、对科研及科学的定位和办学理念上。大学以研究为中心，教师的首要任务是从事创造性的学问研究。人必须把科学永远作为一种还没有完全解决的问题来对待，因此必须处于对真理和知识永无止境的探索研究之中。在洪堡看来，科研活动必须在大学中进行，大学必须永无止境地发展科学。洪堡重视通过科学研究发现知

---

① 孟梦. 基于马克思主义人才观的高校人才培养［D］. 天津：河北工业大学，2011.

识、创造知识、探索真理。但同时，他也提出了"教学与学术研究相统一"的原则，他虽然非常重视科研，但也没有忽视人才培养。洪堡始终认为，学校首先要"纯粹地关心教育本身，关心作为知识的知识，关心心灵的培养"，在这一前提下，"要关心科学"。洪堡强调，人才培养是通过"对学术的研究，并有机会与科学接触、对整体世界反思"，实现"全人"的最高目标。这种人"想象力生机勃发，精神深邃、意志坚强、言行一致"。他还认为，"大学的真正成绩应该在于使学生有可能，或者说它迫使学生至少在他一生中有一段时间完全献身于不含任何目的的科学，从而也就是献身于他个人道德和思想上的完善"。

洪堡还鲜明地提出了另一条重要原则，即由科学而达至修养。大学的科研活动应从发展科学出发，达到促进学生乃至全体公民精神风貌和道德修养的根本目标。他认为，科学是一种心智的、能动的、创造性的、探索性的活动，这种活动具有涵养品质和促进修养的作用，因此，科学是借以达到修养目标的媒介，科学可实现个体自由的"自我塑造"，经由"自我塑造"，个体发展成为一个理性的、有修养的、有个性的人。他在《论柏林高等学术机构的内部和外部组织》一文中对科研与育人的关系做了精辟的阐述：大学中"对纯科学的追求"和"个性与道德的修养"这两个任务是彼此相连、互为因果的。"纯科学不带有任何目的性和功利化，是深邃隽永的纯粹理论知识，是学科发展的最终归宿和升华形式，也是用于精神和道德修养的天然的、合适的材料。"他在谈及科研与育人相互促进时说："科学由于自身的独立价值本身就适合于修养的形成，科研的过程便是性格塑造道德养成的自我提升过程；而个性和道德修养是科学持续发展的重要保障，使科学不因困难而终止，不因质疑而荒废。"总之，"大学的根本原则是在最深入、最广泛的意义上培植科学，并使之服务于全民族的精神和道德教育"。

洪堡的主张和柏林大学科研促进人才培养的模式迅速被英、法、美等国借鉴和效仿，不仅促进了科学和科研的发展，而且促进了人才培养和科研育人。由此可见，科研育人是大学的传统①。

---

① 刘在洲，段溢波. 大学科研育人的时代价值与意蕴本源 [J]. 湖北社会科学，2019（8）：170-174.

第三节　高校科研育人与学习论、协同论

强化理论是美国著名心理学家斯金纳（B. F. Skinner）经过对人和动物的学习进行的长期实验研究而提出的，倡导以学习的强化原则为基础理解和修正人的行为，认为人的行为是对其所获刺激的函数。若刺激对行为主体有利，则其行为就可能重复出现；若刺激对行为主体不利，则其行为就可能减弱，甚至消失。

科研育人，是通过科研探索新知识，及时更新教学内容，组织教育和培训对象参与科研实践，锻炼科学思维，提高能力素质，培育创新人才一系列活动的总和。现代高校教育创新人才的培养方式，要求摒弃"重传承、轻创新，重灌输、轻启发，重诠释、轻探究"的传统教育模式，把培养大学生创新、开拓、应变能力放在最突出的位置。而科研创新的求异思维要求及其实践活动，能引导大学生的求知欲，发挥大学生的能动性，将所学知识联系实际融会贯通，从而显著提升综合能力素质。科研育人的基本思想就是以大学生为本。科研是途径，育人是目的，要突出大学生创新性学习的主体地位。因此，可在科研育人实践中灵活运用积极强化和消极强化的强化手段。积极强化（正强化），就是通过激励积极的结果使那些符合教育目标的科研行为得到增强或增加。消极强化（负强化），就是通过减少或终止令人不快的结果而使某种科研行为减少或消失的措施。大学生结合自身需求，在强化中提高科研能力素质，可以能动地制订、调整和修正学习计划，主体地位更加鲜明，研究问题的积极性更高，能力素质提升更快①。

协同论由物理学家赫尔曼·哈肯于 20 世纪 70 年代提出，它是指系统内部的各个子系统之间通过相互协作，自发形成时间、空间和功能上的有序结构，促使整个系统形成单个子系统不具备的新的结构和动能，它包括开放效应、同服原理和自组织原理。其中，开放效应是指子系统在开放的环境下聚集，到达某个临界点时通过相互协作来提升系统的有序性和整体效应，产生 $1+1>2$ 的

---

①　徐凤麟. 浅析强化理论及其在科研育人中的运用 [J]. 中国科技信息，2010（23）：239，241.

效果。同服原理是指系统内部的若干子系统中，序参量支配了其他状态变量的行为，决定了系统的整体结构和功能，对系统演变起决定性作用。自组织原理是指系统的子系统在没有外部信息流和物质流的影响下，内部各成员协同、自发地形成有序结构。协同论的原理与高校科研育人的本质和内涵具有高度的契合性①。

① 张睿. 协同论视域下高校"三全育人"实施的机理与路径 [J]. 思想理论教育，2020（1）：101－106.

第三章　高校科研育人的模式构建

第一节　高校科研育人的现状及模式构建

大学本科教育承担着为国家和社会培养大量人才的重任，是我国人才的主要来源。但是近年来，在我国大学本科教育中出现了比较严重的科研与教育失衡，甚至脱节的问题。本书主要从我国大学本科科研育人中存在的问题、造成的结果和原因三个方面进行分析。

一、 我国大学本科科教关系的现状①

在我国的研究型大学和教学研究型大学中，科教分离和对立现象普遍存在，以下主要从学校和教师两方面加以论述。

1. 学校重科研、轻教学

在研究型大学和教学研究型大学本科教育中普遍存在着重科研、轻教学问题，主要表现在以下几个方面：

（1）价值导向

由于社会的不断发展与进步，各大学之间的竞争愈演愈烈，学校为获得更多的经费、吸引大量的生源、获得更高的声誉，将中心工作转向科研，从理念到制度，一味追求科学研究，导致教学地位下降，出现了科研取向的价值观。

（2）制度约束

在科研取向的价值观的引导下，制定的大学制度，从管理制度、评价制度到激励制度，一律向科研倾斜，从而约束了教师的行为。大学的管理、评价和

---

① 武宇华. 科教融合的大学本科人才培养模式研究 [D]. 济宁：曲阜师范大学，2014：46.

激励工作都围绕科研展开，以承担科研项目的数量、发表论文的数量，以及所带研究生的数量和质量作为考察和评价的重点，而授课内容、课时量、教学方式和教学效果等仅作为参考，不起决定性作用。

这些大学在该价值导向和制度约束下，其管理人员和教师几乎将所有的目光都放在自身的科学研究和研究生的培养上，很少关注通过科教融合方式培养的具备少量科研知识和科研能力的本科生，因此，在大学本科教育中出现了重科研、轻教学的问题。

2. 教师一切向科研看齐，忽视教学工作

我国大学本科教育教学中教师的"为教学而教学"问题，主要表现在：

（1）教师的教学热情不足

由于高等教育大众化导致高校学生人数急剧上升，大学本科教育中教师资源相对短缺，因而造成教师的教学任务异常繁重，几乎占据其全部时间，在这种形势下，教师对于教学的热情开始下降。同时，由于大学理念及其他因素的影响，教师进行教学工作的积极性大大削弱，出现了"为教学而教学"的现象。

（2）教师教学准备不充分

由于教学任务繁重和科研占据了教师大量的时间，教师在教学上花的时间相对较少，导致部分教师教学准备工作不足。

（3）教学内容更新较慢

大学本科教师中教学与科研相脱离的问题，导致教师的科研不能促进教学的更新，同时，教师在教学方面的准备不足，导致教学内容相对陈旧，缺少新鲜的内容，往往不能使学生从其教学中感受到科研的魅力所在。

我国大学本科教育中教师"为科研而科研"的现状，除了受高校理念影响和制度约束外，还受自身因素的影响和作用。由于对科研的兴趣和热爱，很多教师宁愿独自从事科学研究，也不愿意，甚至拒绝参与教学工作，认为教学工作对其成长或科研的作用不大，因此，其对于教学工作只求完成任务，有人甚至认为教学工作占用了自己宝贵的科研时间。因此，科研向教学的转化有限，从而出现教学和科研的脱离。另外，有些教师让学生参与自己的科研项目和接受科研指导的机会较少，学生的创新素质和能力无法得到提升。

二、 我国大学本科科教分离的后果①

在我国大学本科教育中存在严重的科教分离的问题,给大学本科教育带来严重的后果,主要包括:

1. 教师教学科研在精力和时间上的对立

在研究型大学和教学研究型大学中,教师将大量时间和精力投入科学研究,而教学任务繁重,同样需要教师花大量的时间去完成,很多教师牺牲教学时间来进行科学研究,因此出现了教师教学和科研的矛盾与对立。

2. 科研投入多,向人才培养的转化少

大学几乎将所有的经费都投入到科研项目上,尽其所能为科研提供条件,从而使科研占据大量的资金、设备和人力。但是由于教师的科研内容大多属于应用性研究,学术性研究和教育性研究较少,因此,科研在人才培养中并没有发挥很大的作用。

3. 教师产生浮躁心理

由于竞争和晋升等压力,教师容易产生浮躁心理,使得低水平的重复科研屡见不鲜,从而滋生学术腐败问题,最终使教师的教学质量受到严重影响,导致学生素质和能力的培养受阻,这不符合创新型人才培养的要求,而且大学的水平和声誉也会受到影响。

4. 创新型人才培养不足

大学将大量的时间和精力都放在具有科研能力的研究生培养上,导致本科生很少参与科研活动,实践动手能力差。同时科教分离导致教学质量下降,使学生所学知识不能满足社会需求,最终造成创新型人才严重不足、高素质人才短缺与人才过剩问题。

三、 大学本科科教分离与对立的原因分析

造成大学本科教学与科研分离的原因很多,不仅包括政府和社会因素,还包括大学自身的因素和教师因素。

---

① 武宇华. 科教融合的大学本科人才培养模式研究 [D]. 济宁:曲阜师范大学,2014:46.

1．国家和社会对应用性研究的需求导向

由于科技事业的迅猛发展，国家和社会需要新的技术和理论支撑，而大学作为人才培养的摇篮，与研究院共同拥有先进的技术和创新型人才，理所当然地成为国家和社会关注的焦点。因此，大学不得不将其目光从纯科学的研究转向应用性研究，从而忽视教育性研究和学术性研究，特别是将科研能力相对薄弱的本科学生的教学置于次要位置。

2．政府在科教融合方面存在的问题

政府对各类大学实施科教融合的宏观管理存在一些问题和弊端，主要表现在：

① 政府在我国大学本科教育发展中的影响力和制约力是巨大的，但现阶段政策从学科专业设置和授权、招生计划、教学计划、培养计划、学位授予等方面都没有体现科教融合的思想和精神。此外，由于政府管理过严且调控过于精细，因而各个高校的自治性很小，导致相同专业重复设置、学科类型过于相近、高校学科千篇一律，这非但不能发挥科教融合的作用，反而造成教育资源的严重浪费。

② 政府科教融合的意识淡薄。政府在管理国家各类高校时，涉及范围广、承担任务重，从而导致考虑不周等问题发生，进而影响大学本科科教融合的贯彻实施。

③ 与学校管理相比，政府政策反应相对缓慢和滞后，而高校的权力相对有限，不能"根据国家和社会要求及时调整方针政策"，不符合科教融合理念，对高校发展产生了不利的影响。

④ 政府受社会的影响较大，在处理教学科研关系时，出现急功近利的现象。教育部门对教学和科研评估的不平衡，以及科研导向的价值观和政策最终导致高校出现功利化等问题而影响科教融合的进展。

3．大学自身的认识、制度及资源配置问题

教学和科研作为大学人才培养的两个重要手段，在大学中发挥着重要的作用，但如今，在大学本科教育中存在科教分离和对立的问题，从大学自身看，存在以下原因：

（1）大学自身对科研和教学关系的认识不清

首先，高校管理者只看到科研与教学的对立。他们认为只要科研水平上升了，学校就可以获得更多的科研经费和更好的声誉，进而支持更多的科学研究，使科研水平、经费和学校声誉三者处于良性循环之中，因此，他们对于教师占用教学时间的行为视而不见，或采取默许的态度，导致教学与科研形成非此即彼的对立关系。

其次，作为科研和教学的实施者，教师对科研的认识模糊不清。很多教师单纯看到科研与教学在占用时间和精力方面存在的矛盾，却没有意识到很多基础性的研究都是源于课堂教学中师生之间的交流和讨论。他们将教学当作累赘或仅仅是完成任务，而花费大量的时间在发现科研问题、申请科研项目、进行科学研究及鉴定研究成果上。结果是，教师不仅身心疲惫，还会出现教学与科研的重重矛盾。

（2）大学从制度上没有给予教学和科研平等待遇

首先，从管理制度上，教学管理较严，科研环境相对宽松和自由。具体表现在：为教学设定各种管理规定，如指定教材，规定教学内容和进度，规定课时量、作业的提交数量和质量，以及最后的考核。教师在教学中的自由度有限，抑制了其能力的发挥。相比较而言，科研没有硬性的管理规定，只要是在学科范围内的研究即可，包括应用性研究和学术性研究。教师在科研中的选择范围和空间较大，可以根据自己的兴趣爱好选择科研课题，甚至急功近利也似乎无伤大雅。

其次，大学教学和科研的评价存在差异性。由于各个高校的特色不同，对各科教学的评价无法比较，因此，其只能通过分析英语、计算机等一系列等级考试的通过率对大学教学做大致的评价。而科研评价有硬性的指标，如发表文章的数量和级别都较易量化，评价结果易于比较。

最后，大学的激励制度向科研倾向。与教学相比，科研成果见效快，易量化和考核，而且在教师评估和晋升中占有绝对的地位，因此，教师为了追求利益最大化，挤压或占用教学时间来进行科研，使教学和科研分离和对立。

（3）大学本科教育中教学和科研资源配置不均衡

大学"重科研、轻教学"的价值导向，导致其在经费和资源分配上一味向科研倾斜，两者的联系与配合较少，科研教学各立门户，出现科研资源相对过剩，而教学资源严重匮乏的问题。在此形势下，一部分热衷教学的教师积极性大减，无奈之下转而进入科研的洪流之中。

4. 教师追求利益最大化

教师作为大学的重要组成部分，是大学教学和科研活动的实施者，在大学人才培养中起着重要作用。但是，在大学本科教育中存在教师科教分离的现象，主要是由于教师具有功利性倾向，追求利益最大化。

国家和社会的发展需要先进的科学技术和科研人才，教师作为科学研究的实施者，受到国家和社会的青睐。大学教师基本工资低，难以满足自己的发展要求，而国家和社会能够提供大量的科研经费，因此，许多教师为追求利益而进行大量的应用性研究，从而忽视了教育性研究和学术性研究，导致教师的学术水平和教学能力受到影响，进而影响大学本科的科教融合。

教师有晋升的需求。由于国家和学校在教师的晋升方面注重科研成果而忽视教学质量，导致教师一味追求科研成果，而忽视教学工作。

教师心理需求的满足。由于教学效果的好坏既与学生的自身素质、能力和对内容的喜爱程度有关，也受教师自身因素的影响，教师对于教学效果只具有部分可控性；而研究成果的产生往往取决于研究者自身因素，因此，教师会偏向从科研中获得物质和精神两方面的满足。

四、 科教融合的模式构建①

人才培养模式改革是高等教育在教学改革中带有全局性、系统性的工作，因此，要在大学本科教育中实施科教融合，使教学和科研有机结合就必须变革高等教育的人才培养模式。人才培养模式是指在一定的理念指导下，高等学校为实现人才培养目标而采取的培养体系、培养途径和培养机制体制的定型化范式②。

1. 教学的特点

教学作为人才培养的基本方式，从大学诞生之日起，就存在于大学之中。

① 武宇华. 科教融合的大学本科人才培养模式研究 [D]. 济宁：曲阜师范大学，2014：46.

② 钱国英，徐立清，应雄. 高等教育转型与应用型本科人才培养 [M]. 杭州：浙江大学出版社，2007：29.

教学环节主要包括教学准备、教学目标、教学过程、教学方法、教学评价与反思。

从教师的角度看，教学准备主要是备课工作。首先，教师在上课前，必须对自己所讲授的内容做深入细致的分析，通过查阅图书资料或网上资料来完善所讲内容。在查阅过程中，教师要对知识进行甄别，从中选取与教学内容相关的信息，同时根据教学大纲和教学内容设定教学目标，预演教学过程，思考适合的教学方法，对授课结果做课前的预期。其次，在教学过程中，教师要根据学生的具体情况，采用相应的教学方法，有效合理地实施教学，在与学生的交流和协同中完成教学过程。最后，教师要对整个教学工作进行评价和反思，从中发现自己的优点和不足，总结自己在教学过程中所获得的灵感与启发，从而更好地指导学生。

从学生的角度看，学生在学习前，首先要做好预习工作，包括阅读教材、查阅和搜集相关信息、发现疑问。其次，在教学过程中，学生应有针对性地听课，通过教学一方面把握所学知识的重难点，另一方面解决自己在预习时遇到的问题，必要时在课后与教师单独交流。最后，在课后对所学知识进行总结，使知识系统化，在此过程中有可能发现新的疑点。

通过教学环节，我们不难发现教学的特点。首先，教师对知识的总结和系统化。该过程不仅是教师传播知识的过程，也是教师发现知识、联系知识和验证知识的过程。其次，教师与学生的交互，促进教学相长。再次，教师对教学过程再思考。最后，学生对所学知识的归纳和总结。从教学的特点可以看出，不论是学生的学习过程还是教师的教学过程都蕴含着学术性。因此，教学过程既是传授知识的过程，也是学术研究的过程。

2. 科研的特点

从洪堡建立柏林大学之日起，科学研究就登上了大学教育的舞台。随着社会的发展，人们对科研的理解更为广泛和深刻。从科研的角度看，"Rachel 等（1999）将科研定义为可以增加一个学科的理论和实践知识、提高出版物数量的一种学术活动"[①]。从认识论的角度来定义，科研有以下两种形式：一是认为

[①] 董友，于建朝，胡宝民. 高等学校教学与科研关系研究现状及对策 [J]. 河北师范大学学报（哲学社会科学版），2007，30（2）：155–160.

科研应该以外部产品为导向，以解决难题和回答问题为目的，其目的是产出更多的科研成果；二是认为科研是以内部过程为导向的，其目的是丰富科学知识①。还有的学者认为，科研就是将已有的相关信息系统化，并搜集和整理新信息的过程。从上述对科研的定义不难看出，科研实质上是对知识的加工和再创造，解决和回答学科或社会中存在的问题的过程。

科学研究的过程一般包括：寻找研究课题，查阅、搜集、分析和整理资料，进行科学研究，通过研究得出结果和结论。由于学科类型不同，因此研究的具体操作存在差异性，例如，社会科学的研究主要通过文献法、问卷调查法、访谈法、案例法等进行，而自然科学的研究则更多的是在实验室利用仪器和设备进行。但是在科研的过程中，研究者（学生和教师）需要首先发现问题或科研课题，这一过程可能通过阅读资料、与他人交流、课堂教学、申请科研项目等渠道获得；其次，根据研究的课题，搜集相关的资料，分析和整理所获资料，做出文献综述，然后进入研究环节，这一环节不仅需要充足的资料储备，还包括创新性思维和能力的运用；再次，通过研究得到结果，分析总结结果得出结论；最后是研究成果的评定和发表。

纵观整个研究的过程，科学研究的特点包括：① 研究者对知识进行分析整理；② 研究者之间相互交流；③ 培养创新意识和实践能力。在科学研究中，如果没有问题意识、敢于质疑的精神和敏锐的洞察力，便很难找到自己所要研究的课题。因此，学生在参与科学研究的过程中锻炼了实践动手能力，同时在与教师的共同研究中，学习到了教师严谨的治学态度和坚韧不拔的科研精神。所以，科学研究不仅包括对知识的丰富和再创造的过程，还包括创新意识、实践能力、分析和解决问题等多种能力和素养的提高过程。科研的过程既是研究的过程，也是育人的过程。

3. 科教融合的实质

通过对教学和科研特点的分析，不难发现教学和科研的结合点即育人作用。因此，科教融合的实质就是要充分发挥教学的学术性和科研的育人性，教学过程既传授知识，又传授学习和研究的方法与技巧，同时培养学生的创新意

---

① 钱国英，徐立清，应雄. 高等教育转型与应用型本科人才培养 [M]. 杭州：浙江大学出版社，2007：29.

识；研究过程既包含科学探究，也包含学习创造新知识，而且重视学生实践能力的培养，两者紧密结合，共同致力于我国大学本科教育事业的发展。

4. 科教融合的人才培养目标

随着我国社会政治、经济、文化和科学技术的迅猛发展，以及与世界的交流和协同的不断增多，国家和社会对我国高校也提出了更高的要求。高校作为人才培养机构，尤其是本科教育机构，为国家输送了大量的人才，而面对当前的形势，高校面临的问题是"应该培养什么样的人才来满足国家和社会的需求"。

教育部在《国家中长期教育改革和发展规划纲要》中提出，大学本科教育要着力培养信念执着、品德优良、知识丰富、本领过硬的高素质专门人才和拔尖人才[①]。不难看出，我国高校人才培养目标强调三点：第一，有坚定的信念，品德优良；第二，具备扎实的基础知识；第三，本领过硬。其实质是培养品学兼优、具有创新意识和实践能力的创新型人才。这样的人才不仅可以满足社会和企业对于专业知识的需求，正符合其实践要求，同时具备接受新环境和新挑战能力。

结合国家和社会的需求，在科教融合的理念下，我国大学本科教育的培养目标是为学生的终身学习做准备。

终身学习需要具备的素质和能力包括以下几方面：

① 扎实而广博的基础知识和丰富的专业知识。基础知识对于一个人的发展至关重要，它为学生的终身学习打下了坚实的基础，为各类新知识的学习做方法论准备。丰富的专业知识是学生毕业就业所必备的，它能使学生熟悉相关专业，尽快适应新的工作。

② 问题意识、敏锐的洞察力和坚韧不拔的精神。学生离开学校进入新的工作岗位时，可能会遇到各类新问题，学生只有具备敏锐的洞察力才能及时发现问题，运用知识分析和解决问题。如今，很多大学毕业生在工作中遇到问题后不是想办法解决，而是采取逃避的方式，因此在工作中屡遭挫折，自信心严重不足。而当学生具备坚韧不拔、勇于面对和承担责任的精神时，就不会打退堂

---

① 国家中长期教育改革和发展规划纲要（2010—2020 年）［EB/OL］．http：//www. gov. cnjrzg/ 2010－07/29/content_ 1667143. htm.

鼓，而是克服重重困难，积极寻找解决问题的办法，由此在工作中就会得到不断的发展与提高。因此，大学本科教育不仅要培养学生的问题意识、创新思维、敏锐的观察力，还要使其具有协同意识、协同能力和坚韧不拔的精神，使他们在进入工作岗位后，尽快适应环境并不断得到提升。

③ 丰富的实践经验和较强的动手能力。现在很多高校毕业的大学生，在工作中只具备理论知识而缺乏实践能力，常常被戏称为"高分低能"。如果在大学本科教育中注重培养学生的创新实践能力，让学生参与到科研活动中，培养其科研能力和实践能力，那么本科生就会更具有竞争力。他们理论知识扎实，更易于接受新事物，学习新技巧，在实践操作中进步快，更容易成为当前社会所需的高素质人才。

④ 信念执着且具备优良的个人素质和专业素质。只有具备了优良的个人素质和专业能力，且信念执着，大学生才能在竞争中立于不败之地，我国各项事业的发展才能永葆生机。

五、 科教融合的途径之一： 创新教学方法①

科教融合的大学本科培养理念要求大学在实施本科教育时不仅要将科研融入教学之中，而且要将教学融入科研之中，达到教学与科研的真正融合，使两者共同服务于我国大学的人才培养模式。教科融合主要表现在教学内容的丰富、教学方式和手段的更新、教学组织形式的改变等方面。

1. 富有新意的教学内容

教科融合的人才培养方式要求大学所学的内容需符合人才培养的要求，既包括丰富的基础知识和前沿信息，也包括新颖的学习方法和研究方法。因此，教师在教学准备时，需要注意以下几点：首先，教学内容的选取要符合学科专业的要求；其次，教学内容要与时俱进，切忌选取陈旧、片面、低质量的教材；再次，教学内容要清晰准确，重点突出；最后，教学内容涉及和涵盖专业及课程的全部方面，同时包括学习方法和研究方法等。

教师在教学内容的准备过程中，不仅要对教材内容熟悉，而且要结合当前的社会需要和前沿性知识，这样才能使教学内容富有新意，避免陈旧、枯燥，

---

① 武宇华. 科教融合的大学本科人才培养模式研究 [D]. 济宁：曲阜师范大学，2014：46.

过于专业化，让学生感觉遥不可及，无法理解。

2. 启发式的教学方法

基于科教融合的理念，教育在教学方法的选取上就要强调教学的学术性。因此，教师在进行教学时，首先要改变传统的教师单方面输出和学生单方面输入的"填鸭式"教学。其次，采用探究启发式教学。在课堂教学中，教师要根据教学内容和学生特点，以学生为中心，采用探究性教学方式来启发学生。教师可以就教学内容中的某个问题或某方面对学生进行引导，通过提问和讨论等形式，让学生自主参与到教学中来，独立寻找解决办法，发挥学生的主体能动性。若学生不能完全解答问题，教师可以给予适当的提示或再提问，帮助学生答疑。再次，教师要善于总结学习和科研方法。在教学过程中，教师不仅要向学生传授教学内容，而且要基于自身的经验给学生提供学科相关的较好的学习方法，使学生在面对大量信息或知识时，可以准确、快速地把握重点，提高教学效率。最后，教师在课堂教学中，要向学生传授科学研究的方法，使教学和科研有机结合起来。

教师通过启发探究式教学，使学生充分参与到教学中来。在学习过程中，学生不仅学到理论知识，也学到学习方法，从而增长了学习兴趣，培养和锻炼了解决问题的思维和能力；在教学过程中，教师因教学氛围的改变而增加了教学兴趣，也可能从学生身上获得研究的灵感，找到科研课题，最终使教学过程进入学生乐学、教师乐教的良性循环之中。

教学方法的改变以教师的教学和研究水平作为支撑，同时，教师在研究和教学过程中要善于总结，从而优化教学方法，使之更好地服务于人才培养，充分发挥科研对教学的反哺功能。

3. 个性化的教学手段

在教学过程中，除了教学方式的改变有助于教学效果的提高外，教学手段的更新也会给课堂教学带来新意，其可以将抽象的教学内容形象化，从而使学生更容易理解和接受。尤其是在应用性学科中，通过多媒体等新型教学手段，学生可以清晰地看到很多微观的、不便于实验和观察的现象，从而更好地理解学科内容；人文社会学科通过多媒体等手段，能够向学生展示大量的信息，既节约时间，又给学生焕然一新的感觉。

当然，教学手段的多样化与更新必须依赖于科学技术即科学研究。因此，科学研究的水平与质量影响教学的实施。

4. 多样化的教学组织形式

与科教融合相对应的教学组织形式，应该充分发挥科研的育人性和教学的学术性，培养出符合大学本科人才培养目标的创新型人才，具体形式包括以学生为中心的探究式课堂教学、小先生制和导师制相结合的实践育人模式、讲座、辩论、学术沙龙等形式。

（1）以学生为中心的探究式课堂教学

该类型的课堂教学以学生为中心，围绕教学内容，通过启发式的教学方式展开。首先，教师在课前要将下节课所教内容或专题提前告知学生。其次，强调学生在上课前必须对所学内容进行预习，通过阅读教材和查阅相关资料完成课前准备工作。教师在课堂教学中作为组织者和管理者负责引导学生思考问题、分析问题和解决问题。再次，学生在学习过程中可以就教学涉及的内容与教师进行交流和讨论，在教学过程中建立平等的师生对话关系。最后，教师对所教内容和科研学习方法进行分析和总结，提出建议与不足，使学生不仅掌握系统知识，同时也能了解相关课程的学习和研究方法，为实践学习做准备。

以学生为中心的探究式教学，是师生双边的学习过程。在课堂中，师生相互学习，共同分享学习和科研成果，教师在教学过程中可能获得研究灵感和新的研究课题，学生则在教学过程中受到启发，学习知识的同时提高自身素质和能力，达到教学相长的效果。

（2）个性化的讲座

讲座制最早出现于 19 世纪，其至今仍存在于大学教学中，这充分体现了它的意义与价值。讲座的目的是全面展示教学内容，将学生的注意力引向基本的事实和问题，从而引导学生与相关学科积极接触，起到提纲挈领的作用①。

在我国当代大学本科教育中，讲座制起着重要的作用，具体表现在：首先，在大学入学之初，学校都会安排教师通过讲座对学生的大学生活进行指导，这不仅可以帮助大学生尽快适应大学生活，而且能开拓学生的视野，让学生接触新型的教学形式。其次，在大学前两年的普通教育阶段，大学教师

---

① ［德］弗里德里希·包尔生. 德国大学与大学学习［M］. 张弛，等译. 北京：人民教育出版社，2009：192.

根据教学内容的特点，采用讲座形式传授知识，通过变换教学形式为学生的学习注入新鲜血液，使学生更好地了解所学知识，激发其进行深入学习和研究的兴趣。再次，教师可以通过不定期地开展讲座、与学生和其他教师分享自己的科研成果的形式，交流学术心得，在使学生在领略教师学术风格的同时培养学术兴趣。学校在有条件的情况下，可以邀请国内外知名教授到学校做学术交流报告，进行学术的交流与协同，丰富学生的学习生活。最后，导师可以通过讲座形式向学生介绍研究课题的特点、理论和方法，激发学生研究的兴趣。

通过参与不同教师的讲座，学生既能学习丰富的知识，又能体验不同教授的学术风格，使身心协同发展。因此，个性化的讲座制在科教融合的大学本科人才培养中发挥着相当重要的作用。

六、 科教融合的途径之二： 加强交流与实践①

科教融合的大学人才培养模式，既强调寓教于研，也强调寓研于教，两者应紧密结合。科研活动包含教学成分，将教学活动纳入科研体系，主要包括研究性课堂和参与研究项目等课外科研性质的活动。

1. 专家讲座、学术沙龙及辩论

讲座和学术沙龙作为教师和教师、教师和学生，以及学生和学生的交流形式，在大学本科教育中备受欢迎。很多导师通过举办定期学术讲座和学术沙龙的形式进行科研育人。在举办讲座和学术沙龙前，学校会提前告知学生主题。学生通过查阅资料了解相关主题。在专家讲座和学术沙龙中，学生就自己的理解与专家交流，期间可能会出现对某一观点的争论，这种学术交流可以使学生在思维碰撞中产生新的学术火花，同时，教师在活动过程中会注意发现和提醒学生存在的问题，在讨论中提出建设性的意见，然后在活动结束后做出最后的评价与总结。

通过辩论交流，学生不仅可以相互学习，取长补短，而且能在交流中得到启示，获得灵感，提出新的课题或想法，感受到头脑风暴带来的刺激，同时自身敏锐的洞察力和思辨能力得以培养。教师在主持辩论的过程中，也可能发现

---

① 武宇华. 科教融合的大学本科人才培养模式研究 [D]. 济宁：曲阜师范大学，2014：46.

新的问题或解决办法，而且会被学生的激情辩论所感染。

2. 课外科研立项活动

大学人才培养除了在课堂中进行，也可以在课外活动中完成，例如，江苏大学组织学生参与"挑战杯"等活动。这些活动一部分由学校教师组织，通过教师选题学生参与，对立项进行研究，最后教师对研究成果予以评价并颁发奖励。另一部分是通过教师和学生申请省级、国家级研究课题。教师和学生共同参与课题的研究，完成科研项目。通过参与科研活动，学生的问题意识、批判精神、分析和解决问题的能力都可得到培养，素质和能力不断提升。

以上几类科研育人形式的实质是发挥学生的主体性，倡导师生间和生生间的相互交流与协同，建立平等和谐的对话关系。在互动过程中，不仅有知识的传播与创造，而且有情操的陶冶和能力的培养，尤其是实践经验的积累，这对于学生和教师来说都是巨大的财富。

第二节　产学研协同育人

产学研协同是指高校、企业、科研院所三个基本主体以创新为目标，在政府、行业、中介组织等相关主体的支持下，突破体制机制壁垒，有效地汇聚并融合各自的优势资源和要素，充分释放创新要素活力，实现互利共赢的协同模式。产学研协同培养学生对于改变学生创新实践能力不足、提升学生培养质量有着得天独厚的优势。同时，产学研协同培养学生是一种跨组织、跨界面、跨文化的人才培养创新活动。它涉及高校、企业、科研院所、政府、行业、中介组织等多方主体，迫切需要建立卓有成效的运行机制来避免冲突出现，进而实现"1+1+1＞3"的倍增效应。

产学研协同科研育人，即产学研协同全员育人、产学研协同全程育人、产学研协同全方位育人。产学研协同全员育人要求调动产学研协同中每一位教职员工和企业员工的力量，发挥每一个人应有的作用，全员参与、落实责任，加强教师和企业员工队伍的教育意识。产学研协同全程育人则要求产学研项目协同过程中教育工作具备连贯性和延续性，贯穿教学全过程和学生的学习历程。产学研协同全方位育人是强调育人工作要贯穿学生学习、生活和思想，要注重内容的丰富性和形式的多样性，全面、系统地建设育人体系。

高校产学研协同科研育人是科研育人实现社会实践教育功能和价值的有力支持，是实现高校学生转变成社会人的有效途径，推动学生进行有目的的、系统的、持续的学习活动，促进其知识、态度、价值和技巧上的改变，保障学生顺利就业。构建产学研协同科研育人体系，是新时代高校应对新形势新挑战下实现科研育人的有效途径，也是培养学、德、才兼备的工程应用型科技人才的必由之路，对提升人才的国际竞争力和国家硬实力具有深远的现实意义。

一、 产学研协同科研育人的意义

要加强高校学生的教育工作就要坚持以科研育人为教育行动指南，重视大学生思想政治教育，培养合格的社会主义建设者和接班人，培养担当民族复兴大任的时代新人。产学研协同科研育人理念的提出，使高校教育体系和教育队伍的建设更加完善，有效地解决了当前高校教育中存在的问题。提高学生综合素养、谋求学生全方位发展是产学研协同科研育人的核心环节。产学研协同过程中的全员全程全方位育人将是育人工作跨越式发展的保障，同时也是隐性教育顺利开展的重要条件。

1. 为我国高校学生综合素质教育的发展提供理论依据

近年来，我国多次提出培养学生综合能力的教学要求，但是我国教育教学模式已经根深蒂固，尤其对理工类院校实践能力与专业素养的重视不够。产学研协同科研育人则从教育理论、教育方法、教育要求等多个方面对我国教育工作提出了要求，要达到科研育人就势必要重视学生综合素质教育工作。高校，尤其是理工类院校，应在产学研协同科研育人方面加强建设，深入贯彻教育课程中的全员全程全方位元素，探索产学研协同项目与课程的关联性，实际上也就是要坚持显性教育和隐性教育相统一的原则。高校学生综合素质的提升需要个人、学校、社会同步努力，贯穿整个教育的全过程，不是学生步入高等教育阶段才开始，也不是学生毕业就结束，而是应该具有持续性和系统性。所以，坚持科研育人和产学研协互为纽带关系，不断提高社会教育的水平，促进社会教育的发展。学校教育与社会教育是一个紧密联系的整体，相互影响、共同发展。因此，产学研协同科研育人这一教学理念的提出对我国高校学生综合素质教育的意义是重大而深远的。

2. 为实现立德树人的根本教育目标提供保证

在全国教育大会上，习近平总书记强调"要把立德树人融入思想道德教育、文化知识教育、社会实践教育各环节"，这一指导思想也是从我国现代教育现状出发的。德与才缺一不可，以德为先、德才兼备是选拔和培养人才的重要原则。近年来，我国培养出的人才中"眼高手低、高能低德"现象非常严重，社会各个行业也深刻体会到了这一现象的危害，因此社会从自身发展的角度进行了自我调整，各个行业调整了对人才的要求，从最初的只看重考试分数、各类证书到现在对综合素质的要求不断提升。产学研协同科研育人是立德树人的重要环节，理工类院校要坚持全员全程全方位产学研协同育人，培养德、智、体全面发展的应用型人才，不断提高高校学生综合素质教育的深度和广度，并逐步实现内涵式发展，坚持显性教育与隐性教育相统一。学校应在制度、校园文化建设等方面加强对学生的隐性引导。要实现立德树人这一目标就必须有较为科学的理论指导，科研育人作为我国新的教育制度理论，将产学研协同科研育人融入综合素质教育工作中，能够最大限度地保证立德树人目标的实现。

3. 为培养符合社会需求的大学生提供教育方向

科研育人是较为理想的教育教学模式，奠定新时代人才培养坚持全面发展的原则，全员全程全方位的教学工作为学生提供了一个最优良的学习环境与学习氛围，使学校、家庭和社会都能够作为教育者对学生起到一定的正面影响。理工类高校为国家培养大量的栋梁之材，是中国特色社会主义建设和发展的重要动力，但是培养的人才除具备专业知识以外，还必须具有一定的专业技能和人文素养。另外，随着中国特色社会主义迈入新时代，高校教育在高素质人才培养中的地位不断提高，而高素质人才的培养要充分发挥每一门课程的作用，产学研协同科研育人、校园生活，乃至社会宏观及微观环境等，都是隐性教育的重要环节。将科研育人教育思想融入学生综合素质教育，使其贯穿大学生学习的全过程，并且以服务的态度为学生提供全方位的思想引导，在深刻认识其成长规律的基础上促进大学生的全面发展。德、智、体、美、劳是每个大学生都应该具备的素养，因此我国的教育工作不应该"厚此薄彼"，及时转变教育思想是非常重要的。产学研协同科研育人是隐性教育的重要理念之一，是培养具备专业技术和拥有深厚人文素养人才的保障。

二、 产学研协同科研育人的本质

产学研协同科研育人重点在"育",产学研协同科研育人的主体在于人,教育者与受教育者构成一对相互关联的人。教育者传道、授业、解惑,受教育者学习、成长、发展。传统的教育模式将教育者与受教育者置于主动传授与被动接受的地位。而产学研协同科研育人则是对传统教育模式的突破,要求教育者不仅要教理论知识,而且要教实践技能,还要教职业道德。要求学生不仅要学,而且要主动学、时时刻刻学、方方面面学。

教师在产学研协同科研育人过程中扮演主导的角色,决定了产学研协同科研育人的基本方向。首先,教师要提升自身修为,先明道,再信道,后传道。做好产学研协同科研育人的关键在于教师,因此教师要担负起立德树人的使命。新时代的教师要明中国特色社会主义的"道",要信中国特色社会主义的"道",要传中国特色社会主义的"道",全员全程全方位参与教育过程,积极做中国特色社会主义的信仰者、实践者和传播者。教师要以习近平新时代中国特色社会主义的"德"修教师之身。新时代的"德"就是坚持社会主义核心价值观,这不仅是个人的"德",也是国家的"德",更是民族的"德"。其次,教师要改传统的灌输式教学为疏导式、示范式、服务性全方位教学。教师要将理论转化为学生听得懂、看得见、用得通的知识,深入浅出,结合学生的实际,因材施教。运用学生喜闻乐见的方式,在实践教学及教学实践中形象地呈现、生动地解说,让学生乐于接受。运用网络载体,建立红色教育阵地,生动入理、寓教于乐。同时,教师也要做好隐形教育,以身作则,起到良好的示范作用,在学生的生活、学习等方面给予指导和帮助。

学生是产学研协同科研育人过程中的一个重要的角色,在产学研协同科研育人过程中要发挥学生的主体作用。传统的教学模式中,学生学习处于被动接受的状态,导致学生不乐学,甚至对思想政治教育产生反感情绪。在产学研协同科研育人的模式下,一定要充分发挥学生的主体作用,通过调动学生学习的主动性来提升其学习力,使教育顺利地完成由内化到外化的过程。在产学研同科研育人过程中,主动性、积极性、上进性是激发学生自主开展德育自省的"三大法宝"。教师可以在产学研协同科研育人过程中分享他们的人生感悟,也可以在课下开展讲师团等活动,通过选拔等形式选出优秀的高年级学生或出色的毕业生，让他们结合自身专业背景，讲述自己在所学专业中取得的成绩和在工作领域中的收获，实现德育上的"互助"。

三、 产学研协同科研育人的内容

产学研协同是指企业、科研院所和高等学校之间的协同，形式上是以企业为技术需求方与以科研院所或高等学校为技术供给方之间的协同，促进技术创新所需各种生产要素的有效组合；协同实质上是科研院所和高等学校师生与企业科技研发人员之间相互学习、相互交流的过程。产学研协同科研育人是指在产学研协同过程中对学生进行全员育人、全程育人、全方位育人，达到对我国高校学生综合素质教育的目的。

1．全员育人

全员育人指由学校、企业和学生组成的"三位一体"的育人机制。学校本身有着教书育人的职责，在"三位一体"育人机制中占有举足轻重的地位。在"三位一体"育人机制中，企业也是重要的"一位"。首先，教育职责意味着不仅要给学生传授专业知识，引导学生树立正确的人生方向，还要着重培养学生的自主学习能力和实践能力，让学生在正确的人生路上奋发前行。其次，走向社会的学生最后都服务于企业或国家。在企业影响着学生的同时，学生也在影响着企业，每一位学生最终都会步入企业，在企业的"大染缸"中摸爬滚打，被各种各样的思想影响。但影响是相互的，在他们被影响的同时，在"三位一体"教育体制中接受教育的人才，也在将自己的职业道德理念传递给别人。

2．全程育人

全程育人是指学生从初入校门到毕业，特别是在实习实训期间，学校时时刻刻、方方面面让学生接触社会、认识社会，在实践中培养劳动观念和热爱劳动人民的真实感情。职业能力教育和职业道德教育是全程育人的重要组成部分。因此，每位任课教师都有着向学生传达职业道德理念的教学任务。例如，在为学生讲授"基础会计"这门课程时，通过讲解会计信息八项质量要求，向学生传达会计人员在核算过程中应牢记诚信为本的理念。不仅如此，企业作为高校学生的实习单位，在学生实习期间，也有帮助学生树立良好职业道德的义务。通过全程育人，学生可以在学校学习期间、企业实习期间不断地接受职业道德教育。随着时间的推移，学生不断深化对职业道德的认识，最终将职业道德牢记于心，成为具有高职业素养的职员。

3. 全方位育人

全方位育人是指充分利用各种载体，主要包括实习、实训等，将育人寓于其中。在全方位育人中，职业道德教育不只是教师的任务，还是每一位企业职员的责任。教师要对学生传达有关职业道德的理念。学校可以通过各种活动，如举办有关职业道德品质的竞赛、提供学生助学金、设置品德要求等方式激励学生养成良好的道德品质。在全方位育人中，职业道德教育不只是关于学习的教育，生活也会给予我们很多启示。人的职业道德往往是通过许多微不足道的小事确立的。例如，在食堂吃饭时及时准额付款，不趁人多逃单，培养诚实守信的道德品质；按时上课，养成做事守时的好习惯。通过生活中的小事，培养学生诚实守信的品德，增强学生的责任心，帮助学生养成廉洁自律的良好生活习惯，从而加强职业道德教育。通过全程育人，学生从生活、学习、活动中更加理解职业道德的含义，提升自身职业道德标准，从而在今后的工作中严格遵守行业企业制度规范。

四、 产学研协同科研育人工作机制的构成要素

产学研协同科研育人工作机制应该把解析科研育人工作机制构成要素作为逻辑起点。科研育人工作机制的基本构成要素包括以下四个方面：

1. 工作主体

在产学研协同科研育人工作机制运行过程中，启动和实施机制的机构和人员，称为工作主体。工作主体在科研育人工作机制的诸要素中居于主导地位，一般指高校的"全员"，即高校、高校各教育管理服务部门、教学科研单位，以及企业管理服务部门、科研生产部门的所有工作者。

2. 工作客体

工作客体，也称工作对象，是与主体相对存在的范畴，主要是指工作所针对的群体。常规情况下产学研协同科研育人工作的客体主要是学生。在特殊情况下，主客体之间的地位也会发生转换。

3. 工作环境

工作环境是指产学研协同科研育人工作机制在运行过程中所处的基础环境，以及为了推动科研育人目标实现而创设的新环境。工作环境可分为宏观环境、中观环境和微观环境，或者分为物质环境、文化环境、制度环境等。因此，在构建产学研协同科研育人工作机制的过程中，环境因素应考量国家社会文化背景、区域文化特征等宏观环境，学校和企业战略规划、顶层设计等中观环境，以及管理服务部门、科研教学、生产单位等微观环境；营造有利于产学研协同科研育人的物质环境，把握国家、民族、社会、区域、学校等长期形成的价值、观念、风气、习惯等文化环境，并创设有利于科研育人实施的新文化氛围，改进和完善有利于科研育人实现的政策制度环境。

4. 工作管控与保障

工作管控与保障是指确保机制运行过程中运行方向与目标结果一致而采取的管控和保障措施。产学研协同科研育人工作机制构建过程中会涉及高校教育教学的多个环节，包括多个教育管理服务部门和教学科研单位，这些主体都有自己"相对独立"的工作流程和任务，为保证各个环节和各个主体朝向目标同向同行，需要配备必要的管控手段和措施，以达成效果。同时，需要配备相应的保障，如提供必要的人力资源、经费物资、制度规章等支持。综上，高校和企业的全员全程全方位育人工作机制是以实现立德树人根本任务为目标，以各构成要素为基础，构建全员全程全方位育人基本要素之间相互联系、相互作用、相互制约的联结方式，并通过它们之间有序的协作使其整体功能最大化，进而实现育人效果最大化，形成培养"德智体美劳全面发展的社会主义建设者和接班人"的有效运转系统。

五、 产学研协同科研育人工作机制的构建原则

1. 整体性原则

全员全程全方位育人工作机制的形成是机制内部各要素联动的结果，必须坚持整体性原则，以全局观念统筹推进。坚持党对高校工作的全面领导，积极构建"大党建、大思政"体系，真正将党的领导贯穿于人才培养、科学研究、社会服务、文化传承及国际交往中，在"尊重差异、包容多样"的基础上推动

产学研协同科研育人覆盖学生整体、覆盖入校到毕业的一条时空主线、覆盖工作的各个环节。

2. 系统性原则

产学研协同科研育人工作机制需要各主体、各环节、各要素各司其职，有计划、有条理、有步骤地完成。产学研协同科研育人是传播马克思主义科学理论的隐形渠道，保障渠道通畅、有序、有效运行，是建立全员全程全方位育人工作机制的基本要求；产学研协同科研育人是进行思想价值引领的重要阵地，做到因事而化、因时而进、因势而新，是建立全员全程全方位育人工作机制的内在要求；一体化系统推进教书育人、管理育人和服务育人，做到系统协同、同心聚力、同行同向，是建立全员全程全方位育人工作机制的本质要求。

3. 协同性原则

全员全程全方位产学研协同科研育人是一项长期性的工作，需要多个部门多方面同时同向发力。思政课程与产学研协同科研育人协同，依据学生成长规律，做好课程内部和产学研协同科研育人的衔接工作，提质增效。学校党政各部门及学校所有的教学科研管理和服务单位多方协同、汇聚力量，加强校内外协作。将校外企业优质资源引进来，用真实的故事案例充实学生的头脑，打动学生；让校内师生走出去，参加各级各类实践活动，开阔视野，实现学校、社会、学生"三位一体"协同发展。

4. 发展性原则

全员全程全方位产学研协同科研育人机制应是动态调整的系统，针对工作客体不同阶段的特征，进行动态性调整，并根据其发展的历史状态、当下情况和未来预期，进行合理性、前瞻性设计，推动思想政治教育、专业教学与社会教育在更深层次上实现融合与统一。随着内外部环境的变化，育人机制系统本身也需要不断优化和升级，以保障立德树人根本任务的最终实现。

六、 产学研协同科研育人的现状与困境

培养德、智、体、美全面发展的社会主义建设者和接班人，德育在首位，是教育的重中之重。近年来，关于科研育人的研究成果呈现增加趋势，这种"百花竞放"的现象也给高校的思想政治教育带来了宝贵的理论参考，关于理

论的实现路径及保障机制的探析还需要高校教育者们结合实践深入研究。目前，高校产学研协同科研育人存在理念薄弱、工作不够连续等问题，因此科研育人综合改革要坚持问题导向、目标导向、结果导向，把破解思想政治工作不平衡、不充分问题作为工作的指向和突破点。

1. 产学研协同科研育人责任割裂化

青年一代是高校教育的核心群体，如何培养对社会发展、对民族复兴、对时代进步有用的栋梁之材，已经成为高校产学研协同科研育人工作的重点。高校教育工作需要每一位教职工的参与，但目前仍有部分高校存在教师队伍思政教育意识不强、责任落实不到位的情况。部分教师认为产学研协同科研育人工作与自己无关，学生应当去找思政教师、辅导员解决遇到的问题。产学研协同科研育人工作与专业教学、党政管理、后勤保障等工作明确划分，最终导致参与产学研协同科研育人工作的人少之又少，教育责任严重割裂，无法形成教育合力。同时，不同教育工作群体缺乏协同机制，课外育人不仅仅是企业人员的事，也是教师的分内工作。教师或企业职员参与课外育人的动力不足、精力不够，主要原因是囿于繁重的教学或生产任务而无暇顾及，并非主观意识上的不情愿，这在一定程度上影响了产学研协同科研育人工作的整体推进，主要表现为基层单位工作进度差距明显，两极分化现象严重，对科研育人工作理解不深、重视不够、缺乏统筹、推进效果不理想等。

2. 产学研协同科研育人教育形式单一

产学研协同科研育人教育工作的开展仍然以学校思政理论课程为基础。学生入学之后除了接受入学教育及相关的新生实践活动之外，还需要修读思想政治理论课程。但长期以来，思想政治理论课因其教育内容的"高、大、全"和教育手段的单一化，而被看作是"假、大、空"，使得教师费力不讨好。产学研协同科研育人教育的目的也未达到。具体体现在：课程体系分支过多、知识内容过于抽象；教学手段不够多样、教育形式不够灵活；课堂氛围单调、学生体验感弱，等等。已有高校为改变当前局面，开展了产学研协同科研育人相关实践活动，但是对活动内容和形式的把控还不够合理和深入。除此之外，活动之间的联系也需要精准设计，应当贴合学生的思想需求和认知需求。各专业课教师的产学研协同科研育人工作目前都已开展，但深入程度不均衡，不同专业的课程思政工作没有分类制定评价指标，也缺乏有效的督导评价、考核激励机制，产学研协同科研育人工作有"断档"现象。理工科学生通常比较注重专业理论知识，而忽视思想政治素养的重要性，并且学校对学生思政课学习的考核都是以期末考试或考察为主，考核方式比较单一、传统，且局限于课本知识，所以，多方面原因促使高校思政课教学效果不明显、学生普遍缺乏兴趣。

3. 对技能教育工作重视不足

高校是新一代年轻人的聚集地，生活环境较为宽松，学生对待新事物的好奇心很强，因此在开展各项工作时应做到尽量与时代脉搏相贴合。沿用以往死板的技能教育方式显然无法打动学生的心。产学研协同科研育人中的技能教育作为育人教育的重要一环，也应当注重贴近时代，贴近学生的生活实际。

当前社会对体力劳动的偏见较大，认为参加体力劳动是一种不体面的行为。受这种观念的影响，产学研协同科研育人中技能课程一再缩水，不断被专业课侵占。另外，学生也对技能课的重视程度不足，认为技能课就是可以自由支配时间的课程，对待技能课的态度随意、散漫。这种态度显然会对产学研协同育人的开展造成极大的阻碍。因此，在技能教育广泛开展之前，应当先从思想层面进行改革。不管是高校的管理层还是学生，都要深刻认识到技能教育给人们带来的益处，并积极配合学校技能教育工作的推进。当然，技能课教育的重心应当放在教育上，而非劳动。因此在进行技能教育时，应当注重产学研协同科研育人功能的发挥。技能教育中不能一味地追求劳动量，而忽视了德育功能。学生在经过技能教育后应形成热爱劳动、崇尚勤劳的价值观。这不仅是适应当代社会的需要，也是中华民族五千年来的传统美德。市场经济的发展给我国传统道德观带来了严重冲击，在消费主义、拜金主义思潮的影响下，当前大学生群体过于追求纵欲享乐，这样的观念对其成长十分不利，通过产学研协同科研育人的劳动技能教育力争将这类观念扭转过来。

4. 产学研协同科研育人教育缺乏连续性

产学研协同科研育人教育工作不能仅停留在课堂层面，而应当深入学生的日常生活。目前的产学研协同科研育人工作缺乏针对性和规划性。高年级学生的思想和心智更加成熟，然而产学研协同科研育人工作却没有做到因时制宜。从事产学研协同科研育人工作的教师或企业员工都是非思想政治教育专业的，缺乏专业能力，不能从思政专业的角度来引导学生提高思想政治水平，也无法综合考虑学生思想政治学习对其未来发展的影响，导致学校产学研协同科研育人教育工作的成效较差。同时，产学研协同科研育人教育工作缺少对学生的寝室生活、校园活动、学生工作等方面的渗透，使得理论的学习与实际生活脱节，无法实现教育的连续性。

5. 保障机制不完善

产学研协同科研育人教育关乎学生的思想道德和职业素养，要不断提高思想政治教育的水平，促进我国高等教育事业的繁荣发展。良性的校园文化和企业文化是促进产学研协同科研育人水平提高的基础。理工类院校和企业一般都忽视了人文学科的建设和发展。一方面，学校理工类专业居多，无论是在教学中，还是在教师个人人格、专业素养等方面，教师都会潜移默化地引导学生关注专业知识。另一方面，学校对产学研协同科研育人教师队伍的培养重视度不高，或者只是停留在形式上的重视，并没有针对产学研协同科研育人教师建立完善的培育和管理监督、激励制度，对教师的培养投入也不够，导致许多思政教师缺乏专业的思想政治理论素养，甚至还会出现缺乏上进心、工作不积极等现象，这些都是人文学科建设的阻力。

产学研协同科研育人教育工作存在落实不精准、影响不连续、形式不灵活等问题，问题背后的重要原因在于没有建立起保障机制。高校或企业虽然安排了多种实践活动，但没有对活动主题和流程进行专门把控的人员，导致实践活动无法准确地与理论课程内容相结合；由于未构建起育人网络，教育责任无法落实到个人，教育环节不连贯；缺少监督机制，无法实时调整思想政治教育工作部署。从教师或企业员工的角度来讲，他们更关注课程或生产任务的实施情况，对学生实际的学习情况、生活及未来发展没有做到必要的引导与教育。导致这一现状的主要原因在于未能制定较为科学的课程教育评价机制，因此严重影响了高校产学研协同科研育人教育工作水平的提升，也无法培养学生自主提升思想政治素养的积极性。许多高校缺乏系统、科学的教师评价管理制度及考核评价机制，对思想政治教育的评价机制过于单一。因此，如何建立产学研协同科研育人教育工作的保障机制，成为当前合理构建高校产学研协同科研育人教育工作中亟须解决的问题。

七、 产学研协同科研育人路径探析及其成效

产学研协同科研育人实施过程中，鼓励有条件的科研团队组织学生走进企

业，让学生更多地了解企业需求与企业的实际运营情况，便于学生在求学期间了解知识的所学与所用场景、树立学习阶段的理想与研究方向。不定期组织能力较强的学生与教师一起参加企业技术协同洽谈会，让部分学生在不影响学业的情况下加入课题的研究。同时，将产学研协同科研育人纳入研究生新生入学教育中，在研究生入学之初就了解校企产学研协同的意义，挖掘学生潜力。以校企产学研协同项目为基础，依托学校与企业协同，将"挑战杯""大创"等科技赛事与产学研协同项目结合，为参赛项目提供经费、试验场地等方面的支持。具体探索路径如下：

1. 完善产学研协同科研育人平台

鼓励导师将学生纳入研发项目组中去，参与校企技术协同洽谈会；鼓励有条件的导师或团队组织学生走进企业，实地观摩生产一线。

2. 拓展产学研协同科研育人资源

除校内平台外，利用在各地方政府、科技部门举办的科技交流会、人才洽谈会、产业博览会等契机，鼓励有条件的导师或团队组织学生前往参观学习，让学生们了解技术前沿，激发学习动力。

3. 丰富产学研协同科研育人环节

围绕研究生的学习和科研，将"科技成果转移转化教育"纳入研究生新生入学教育，在部分学院试点产学研专题教育讲座，培养研究生产学研工作的意识。

4. 构建"研究生院＋产业研究院"的非全日制研究生培养模式

围绕非全日制研究生培养工作，开展以研究生院为校内载体和产业研究院为校外载体的培养模式，为非全日制研究生培养提供全新模式，实现非全日制研究生高质量培养与产业研究院发展的双赢。

5. 试点国际产学研协同科研育人工作

学校科技处与海外教育学院协同，开展国际产学研育人试点，通过启动产学研类专题活动、留学生走进企业、留学生专项培养等工程，挖掘有潜力的留学生，提升留学生培养质量，同时为企业寻找海外代理人或海外技术骨干，为企业拓展国际市场提供助力。

6. 探索依托产学研项目的毕业设计方案

探讨校企协同的项目与学生毕业设计相结合的可行性，在不影响合同执行效果的情况下，尝试将学生的毕业设计方案加入校企产学研协同中。依托学校产学研优势资源，在全校范围内开展产学研协同育人工作，拓展人才培养路径，整合人才培养资源，提升人才培养质量，构建产学研协同育人长效机制。切实履行科研育人综合改革工作要求，充分发挥高校产学研协同科研育人成效，培养德智体美劳全面发展的社会主义建设者和接班人。

第四章 江苏大学科研育人的实践探索

第一节 江苏大学科研育人的目标与思路

一、指导思想

科研育人是"三全育人"的重要组成环节，其指导思想是将正确的政治方向、价值取向、学术导向体现到科学研究全过程各环节，将思想政治教育贯穿科研始终，提升学生创新意识和专业兴趣，引导学生树立学术诚信、严谨求实、开拓创新、敢为人先、勇攀高峰的科研精神。坚持育人导向和问题导向，服务国家重大战略需求，树立一流意识，聚焦"创新创业人才、卓越人才、精英人才、国际化人才"培养，推动各领域、各环节、各方面的育人资源协同、贯通与融合，构建"科研育人"新格局，形成内容完善、标准先进、运行科学、保障有力、成效显著的工作体系，培养具有家国情怀、人文素养、创新精神、实践能力、国际视野的高素质人才，以及德智体美劳全面发展的社会主义合格建设者和可靠接班人。

二、工作目标

① 优化学校科研管理制度，明确科研育人功能，改进科研环节和程序，把思想价值引领贯穿选题设计、科研立项、项目研究、成果运用全过程，把思想政治表现作为组建科研团队的底线要求。以"科研管理育人、科研活动育人、科研评价育人"为着力点，强化导师引领培育职责，明确科研育人功能，注重学生科学精神培养，把思想价值引领贯穿于科学研究全过程。

② 建立教研一体、学研相济的科教协同育人机制。统筹安排教学资源与科

研资源，配套设计教学大纲与科研计划，深化科教协同育人机制。坚持"工中有农，以工支农"的办学特色，完善教研一体、学研相济的科研育人机制，制订产学研协同育人计划，依托行业和高水平科研院所，探索联合培养新模式，采用项目协同、共建研发平台等方式，打造科教创产融合发展联合体，充分发挥科研育人功能。搭建具有广泛影响力和号召力的师生科研交流互动平台，不断提升师生科学精神和创新意识。大力实施"走出去"战略，鼓励师生参加国际学术会议、赛事和中短期交流项目，拓宽师生国际化视野。

③ 坚持学术研究无禁区，课堂讲授有纪律。积极构建集教育、预防、监督、惩治于一体的学术诚信体系。切实维护学术道德规范，坚决查处学术不端行为。建立健全学术道德、学术规范、学术不端行为调查处理等相关制度，保持对失信行为的高压态势，对学术不端行为实行零容忍，一经查实，绝不姑息，让失信者从声誉到利益都付出相应的代价。

④ 建立科研育人激励机制，完善科研评价标准，改进学术评价方法。强化科研项目申报审查，结合实际情况引导本科生、研究生积极参与科研创新活动，实现科研、教学、实践相互促进，切实增强科研育人实效。

⑤ 强化学术团队的典型引领。以研究生导师示范团队建设为抓手，培育一批以研究生导师为核心的科研育人典型团队。选树一批研究生导师科研育人典型代表，开展师生喜闻乐见的宣传教育活动。广泛开展科研育人经验推广活动，营造积极向上、奋力拼搏的校园科研氛围。

三、 工作思路

2019 年 1 月，江苏大学获批教育部科研育人综合改革试点高校。科研育人工作组根据学校相关文件精神，以"立德树人"为根本任务，结合江苏大学的发展定位、人才培养目标、科研基础条件，提出"5 + 1"的科研育人体系，即以学生为核心，从科研精神传承、科教融合、创新导师 + 创新科研、科研实践、产学交流五个维度搭建江苏大学科研育人体系，建立多方位的科研育人协同机制，在传承科研精神、学习科研理论、参与科研过程、运用科研成果中培养学生的科学精神、科研水平、学术道德、服务社会的能力。其基本原则及模式架构如下：

1. 坚持以学生为核心的原则

"5+1"科研育人体系坚持以学生为核心，五个工作维度始终围绕培育学生来推进，关注学生自身发展的内在需求。以激发学生的能动性、自主性、创造性为出发点建构科研育人体系，在具体实施过程中打通科研与教学的壁垒、学校与社会的壁垒，着重激发学生内在的科研兴趣，将学生的个体需求与社会需求结合起来，注重对学生综合能力的培养，实现个体价值与社会价值的和谐统一。

2. 坚持情怀、素养、能力协同发展的原则

情怀、素养、能力三者是科研育人工作中缺一不可的元素，必须协同发展。科研育人工作组提出，科研育人工作中要坚持培养学生拥有一份爱国爱校爱科研的情怀，要保证学生学会科研理论知识、具备较高的科研素养，要使学生具备解决实际问题的能力。通过情怀、素养、能力的协同发展，让学生在获取科研基础理论知识、掌握科研技能的同时，激发其科研的内源性动力、强化其科技伦理、培养其科学精神，并树立正确的价值观。

3. 坚持科研育人整体性原则

"5+1"科研育人体系因工作维度涉及不同的部门，需要学校科研、教学、学生等管理部门及二级学院的参与才能顺利实施。因此，这一育人模式需要全校整体联动，协同配合，形成全方位育人的校园环境，才能达到育人目的。

第二节　构建科研诚信、科研评价制度

一、　强化制度建设，　完善学术委员会制度体系

① 为规范学术行为、严明学术纪律、强化师生学术诚信意识、营造优良学风和育人环境，根据国家、部省有关文件精神，结合学校实际，江苏大学于2018年制定了《江苏大学学术道德规范》。文件对"学术道德规范的定义""学术道德不端行为的界定""违反学术道德与诚信的认定、处理及申诉"均给予详细表述。

② 为了发扬良好的学术风气、加强学术道德建设、促进和保障学校学术活

动健康开展、规范学术不端行为的调查处理、有效保护师生的合法学术权益，江苏大学于 2018 年制定了《江苏大学学术不端行为调查处理规程》。

③ 为进一步加强学术委员会建设、完善学校内部治理结构、保障学术委员会在教学、科研等学术事务中有效发挥作用，根据《中华人民共和国高等教育法》《高等学校学术委员会规程》《江苏大学章程》等有关文件规定，结合学校实际情况，江苏大学于 2019 年修订完善了《江苏大学学术委员会章程》。

④ 根据《江苏大学学术委员会章程》，由二级单位推荐、校学术委员会投票选举、党委常委会研究审定，2019 年江苏大学第四届学术委员会成立，以及学术评价与发展委员会、学术道德委员会两个专门委员会，并通过了学术委员会特邀委员名单。2020 年，由于学校人事变动并根据工作需要，江苏大学研究发布了《关于调整部分行政非编常设机构及其组成人员的通知》。

⑤ 为加强学校科研诚信建设、提高相关责任主体的信用意识、维护优良学风、规范学术行为，根据国家、省部相关文件精神，结合学校科研工作实际，江苏大学于 2019 年制定了《江苏大学科研诚信与信用管理暂行办法》。

⑥ 明确规定了学术委员会、学术评价及发展委员会、学术道德委员会及学术委员会秘书处的职责。

⑦ 印制并颁发了《江苏大学师生学术规范与学术道德读本》，及时在科技处网站发布国家部委、省厅、学校相关政策文件及学术不端典型案例，营造良好的学术氛围。

⑧ 学术委员会严格遵守国家法律法规，认真履行《江苏大学学术委员会章程》，统筹行使在学科建设、人才队伍建设、本科教学、研究生教育、科学研究、伦理审查、学术不端行为受理等重大学术事务上的决策、审议、评定和咨询等职权，积极探索教授治学的有效路径，依法依规处理学术事务，学术治理和教授治学工作逐步实施，学术委员会运行顺利有序；秘书处运行机制进一步成熟，保障了学术委员会工作的有序进行。

⑨ 依法履行职责，依章开展工作，充分发挥学术委员会在学术事务中的重要作用。学校学术委员定期召开委员会会议和学术道德专门委员会会议。委员会积极受理各项学术议题，对重要制度、重要事项进行审议，提出指导性意见，认真履行委员的应尽义务。

二、 严格遵循国家要求， 及时修订学校政策

为认真贯彻落实国家部委印发的《关于规范高等学校 SCI 论文相关指标使用，树立正确评价导向的若干意见》《关于破除科技评价中"唯论文"不良导向的若干措施（试行）》《加强"从 0 到 1"基础研究工作方案》，以及江苏省教育厅等印发的《关于转发教育部等部门提升高等学校专利质量和规范高等学校 SCI 论文相关指标使用若干意见的通知》《关于改进科技评价破除"唯论文"不良导向的若干措施（试行）》《2020 年度江苏省地方普通高校综合考核实施办法及有关实施方案》等文件精神，结合学校高质量发展导向，学校党委、行政高度重视，多次召开办公会议研讨学校相关政策修订。

通过科学设立分类评价指标和方法，引导科研人员潜心研究、追求卓越；建立导向明确、客观公正、激励与约束并重的分类评价标准和开放多元的评价方法，突出质量贡献绩效导向，以质代替量，激励高质量、高水平成果。打造鼓励自由探索、宽容失败、开放包容的良好学术生态氛围，为师生潜心科研营造优良环境。

三、 多部门联动配合， 加强科研诚信教育和管理

① 党委宣传部、党委教师工作部、科技处、社科处、知识产权学院等部门联合发布《关于组织开展江苏大学师德师风、科研诚信和学术道德规范专题学习教育活动的通知》，发放《江苏大学师德师风建设文件汇编》学习材料，要求各学院通过小组会、报告会、宣讲会、设置专题宣传栏等多种形式，学习宣传"习近平同志关于科学道德和学风建设的重要指示精神"，以及科技部、教育部、卫健委等发布的有关师德师风、科研诚信的相关文件精神和学校相关制度；组织全校师生签署"江苏大学师德师风、科研诚信和知识产权承诺书"，开展师德师风主题征文活动；将科研诚信及学术道德宣传教育工作纳入学校年度目标任务考核。

② 为贯彻落实《省教育厅关于深入学习贯彻习近平总书记在科学家座谈会上重要讲话精神的通知》要求，大力弘扬科学家精神，组织在全校范围内开展"深入学习贯彻习近平总书记在科学家座谈会上重要讲话精神"主题教育活动，要求全体师生都积极参与其中，组织专题讨论，并纳入学校年度目标任务考核。

③ 印制发放《江苏大学师生学术规范与学术道德读本》；经过科技部批准，将四位专家的材料挂在科技处内网，由各单位组织师生学习；及时在科技处网站发布国家部委、省厅、学校相关政策文件、科研诚信 PPT 讲座材料及学术不端典型案例，加强科研诚信教育，营造良好的学术氛围。

④ 人事部门在签订人员聘用合同、项目任务书时约定科研诚信义务和违约责任追究条款；各单位建立学术论文发表诚信承诺制度，加强科研活动记录和科研档案保存，完善内部监督约束机制；项目（课题）负责人、研究生导师充分发挥言传身教作用，加强对团队成员及学生的科研诚信管理；在入学入职、职称晋升、申报科技计划项目等重要节点开展科研诚信教育；对在科研诚信方面存在倾向性、苗头性问题的人员，及时开展提醒谈话、批评教育。

⑤ 为深入学习贯彻习近平新时代中国特色社会主义思想和党的十九届五中全会精神，弘扬科学家精神，加强作风和学风建设，深入推进科学道德和学风建设宣讲教育工作。

⑥ 科研育人工作组根据学校相关文件精神，以立德树人为根本任务，不断加强师德师风建设，强化科教协同、产教融合，努力构建科研育人质量提升体系，把思想价值引领贯穿于科研活动的全过程和各环节。以立德树人为根本，在师生中确立正确的学术道德规范，营造良好的科研育人氛围；举办或参与承办一系列高层次学术会议，聘请国内外知名专家和政界、商界成功人士讲学讲座，为本校师生提供更多学习机会，开阔眼界、优化服务。

四、 加强学术诚信管理， 优化学术生态环境

学术不端事件处理是学校学术委员会日常工作的难点和重点，学校学术委员会始终以学术风气和学术道德建设为根本，反对不良学风，遏制学术不端行为。在受理、调查、认定过程中，严格按照教育部、校学术委员会文件及流程规定，与相关职能部门联动配合，协调组织主任委员会、专门委员会及分委员会会议、听取专家意见等多种方式对举报事件进行深入调查、集思广益、形成共识，工作步骤有章可循、有法可依，提升了学术委员会的影响力及处理事务的能力。学校积极构建集教育、预防、监督、惩治于一体的学术诚信体系，坚决查处学术不端行为，加大对学术不端行为的惩治力度，推动形成科研诚信和学风自律机制，在校内进一步营造风清气正的育人环境和求真务实的学术氛围。

第三节　科研平台育人典型案例

1. 科研平台简介

江苏大学流体机械工程技术研究中心（以下简称"流体中心"）创建于1962年的吉林工业大学排灌机械研究室，1963年成建制迁入镇江农业机械学院，1999年组建江苏省流体机械工程技术研究中心，2011年组建国家水泵及系统工程技术研究中心，2014年首批成为江苏省产业技术研究院流体工程装备技术研究所。

流体中心所在二级学科"流体机械及工程"系国家重点学科（全国仅有两个）。流体中心是独立的专职科研机构，已形成良好的内部管理体制、多元化的用人机制、良性循环的自我发展机制，是我国流体机械（特别是泵、节水灌溉装备）科学研究、技术开发、人才培养、成果转化、信息辐射的重要基地。流体中心现有职工70多人，拥有特聘工程院院士、国务院学科评议组成员、教育部教指委副主任等高层次人才，拥有3个江苏省优秀学科梯队和科技创新团队，20余人次分别担任中国农机学会等的理事长、副理事长等。经过50多年的建设与发展，流体中心已经形成特色明显、优势突出、发展前景广阔的研究方向：

① 流体机械（泵）、化工过程机械特性及现代设计方法的研究；

② 流体机械内部流场计算及现代测试技术的研究；

③ 新型节水节能灌溉技术及装备的研究；

④ 生物力学领域的研究，包括人工心脏泵、心脏瓣膜等；

⑤ 泵站工程和水利水电工程关键技术的研究；

⑥ 大型水利工程用泵及装置水力模型及特性的研究。

流体中心是全国小型潜水电泵、喷灌机械等行业技术归口单位，拥有国家认可的实验室，设有机械工业排灌机械产品质量监督检测中心、江苏省质量技术监督泵类质量检验站等专职检测机构。近年来，流体中心投资4200万元新建了8000 m² 的国家水泵工程中心大楼，投资2000万元搭建了高温高压核电泵试验台和水力机械四象限试验台，投入1000余万元购置刀片式高性能计算集群系统、振动噪声测试系统等大型仪器设备。目前，实验室总面积达13000 m²，已拥有国内一流、国际先进的流体机械及工程试验条件和设备，在全国同类学科高校中处于领先地位。

流体中心自成立之日起，就确立了为国家经济建设服务的方向，针对国家重点工程、重大装备用泵等关键性、基础性问题进行系统的工程化研究与开发，持续地向行业提供适应规模化生产的新技术、新产品和新工艺。历年来，中心获国家科技进步奖 5 项，授权发明专利 80 余项，出版著作及标准 70 余部，80% 以上的科研成果已成功转化为生产力，与 1000 多家企业进行了多种形式的技术合作，开发新产品 400 余种，在三峡工程、南水北调等国内外重大工程上广泛应用，为我国泵行业的技术进步和经济发展做出了重要贡献。

长期以来，流体中心始终坚持立德树人的使命，瞄准"三全育人"总体目标，建立了多维度、立体式研究生人才培养体系。作为学校首批"三全育人"研究生导师示范团队的学院，流体中心不断探索科研育人和实践育人，依托国家水泵工程技术研究中心、国家流体工程装备节能技术国际联合研究中心，经过十余年的探索与总结，构建了多维度科研育人模式，取得了令人振奋的实践成效。该模式的成功推广得益于坚持以立德树人为根本任务的教学科研理念，以及坚持言传身教、项目依托、团队培养、竞赛导向和实践引导等多维度一体化科研的育人举措。

2. 坚持立德树人根本任务，探索"三全育人"长效机制

在学校党政的正确领导下，流体中心教职工团队始终贯彻落实"三全育人"工作的总体目标，以习近平新时代中国特色社会主义思想为指导，紧紧围绕立德树人根本任务，以全面提高人才培养能力为关键，强化基础、突出重点、建立规范、落实责任，打造高水平的支持体系，扎实推进"科研育人"，带动"三全育人"整体建设，为科研"树苗"提供了肥沃的土壤。

在工科研究生的学习和科研能力培养过程中，始终将思想道德教育、文化知识教育、社会实践教育等融入培养各环节，把思想政治工作和思想价值引领贯穿教育教学全过程，形成"三全育人"长效机制。经过探索和实践，初步建立了较完善的育人体系。

3. 多维度推进科研育人工作，全面落实"三全育人"总目标

（1）以身作则、言传身教，全面提升学生综合素质

流体中心研究生导师，以立德树人为使命，始终坚持言传身教，在育人过

程中树立家国情怀、注重科研创新，培养实践能力、重视国际交流，全面提升学生综合素质。

顾延东曾是袁寿其研究员的一名学生，在整个求学期间，他感触最深的就是袁老师始终把"立德"放在第一位。袁老师照顾长辈和恩师的事迹，践行了"育人先育德，做事先做人"的中华美德，这潜移默化地影响和感染着每一位学生。袁老师出身贫寒，凭借自强不息的精神，在别人睡懒觉的清晨，他奔跑在晨曦中；在别人悠闲看电视的深夜，他埋头在办公室的台灯下。正是这种勤奋的精神成就了袁老师，而这种以身作则、言传身教的方式使顾延东深受感染，促使他养成了勤奋刻苦的工作态度。顾延东在担任流体中心研究生党支部书记期间，深受袁老师的激励，始终坚持以为学生服务为己任。通过支部党员的共同努力，他们支部于2016年获得"江苏大学先进学生党支部"，他个人也获得了2019年"全国百名研究生党员标兵"和2016年"江苏大学优秀共产党员"。

（2）以国家战略工程为依托，厚植使命担当家国情怀

一个人能否成才、成功，三项因素不可或缺：基本素质和技能、施展平台和个人努力、对国家和民族强烈的情怀。流体中心"三全育人"团队依托国家级平台——国家水泵工程中心、国家流体工程装备节能技术国际联合中心，指导研究生参与国家战略项目课题，瞄准国家战略需求点，如南水北调、海水淡化、国家光热发电、"一带一路"泵站建设项目等。2020年，流体中心新获批1项国家重点研发计划项目：山区和边远灾区应急供水与净水一体化装备。在国字头项目上，流体中心"三全育人"团队带领研究生苦心钻研、敢为人先，把爱国之情、报国之志融入祖国改革发展的伟大事业之中，融入人民创造历史的伟大奋斗之中，大力弘扬习近平总书记提出的奋斗精神，即"幸福都是奋斗出来的"。导师带头诠释好有大眼界、大境界、大胸怀和大格局的育人角色，并言传身教地将对祖国和人民的深情大爱，对祖国富强、人民幸福的理想追求，以及对国家、民族和人民的责任感和使命感，传递、辐射到更多学子。导师的一言一行，潜移默化地熏陶学生，润物细无声地感染学生。

（3）以方向学术梯队建设为抓手，培养研究生团队协作精神

营造浓厚的学术氛围，对于激发研究生对科学研究的兴趣和研究生的顺利

成长是至关重要的。流体中心"三全育人"团队带领研究生建立学术梯队，实行"方向小组"模式。按照研究方向，由青年教师、博士生、硕士生共同研讨科研工作，形成鼓励创新、勇于创新的理念和氛围，营造良好的创新学术环境。在科研、教学方面悉心指导，在实验经费、外出实习、调研参观等方面给予全力支持，充分发挥"传帮带"的作用，同时形成互助、互爱的良好氛围，带领研究生跟踪和挺进学科前沿，不断加大研究生参与高水平课题研究的力度，培养研究生的合作精神和创造能力。近年来，流体中心中，在 CSC 资助下到国外名校攻读博士学位的有 12 人，联合培养的有 16 人。每个研究生都能作为骨干参与国家自然科学基金、国家重点研发计划课题等国字头项目。据统计，流体中心的硕士生平均每人申请发明专利 2 件，发表 EI 收录期刊论文 1 篇；博士生平均发表 SCI 论文 2~3 篇，申请发明专利 3 件。每个研究生都能通过团队协作施展自己的才干，提高自己的学术水平和工程实践能力。

（4）以国家级科技竞赛为导向，培养卓越创新型人才

以赛促学，深化素质教育的实践课堂，促进研究生创新能力的提升。流体中心老师积极组织研究生组队参加国家级各类科技竞赛，通过竞赛的具体实践拓宽学生的思路，促进研究生创新能力的培养。例如，流体中心研究生组队参加了 2019 年第十六届"挑战杯"全国大学生课外学术科技作品竞赛。由课题组老师指导的常浩、杨勇飞、施亚等学生从 2019 年 5 月的校赛到 8 月的省赛一路过关斩将，在省赛中取得了特等奖的优异成绩，成为江苏大学成功进入国赛的 6 个代表队之一。

比赛前期，从研究生的组队、前期调研、写申报书、撰写研究报告，到晋级国赛，研究生团队不断练习、预答辩，反复斟酌修改作品、申报书、研究报告、PPT 文稿、展板等。在整个过程中，导师们倾注了大量的心血，正是在导师的悉心关怀和指导下，研究生们才克服了种种困难，顺利晋级国赛。通过"挑战杯"竞赛，研究生纷纷表示收获颇丰，如辩证思考问题的能力、创新的思维能力、严谨的学术态度等都得到很大提升。竞赛可以磨炼意志、增长才干，在参与竞赛的过程中研究生深切体会到只有用积极的态度去解决问题，才有可能品尝到甘甜成果的道理，获得了历练和成长。

（5）以研究生工作站为载体，提升研究生工程实践能力

目前，流体中心与蓝深集团股份有限公司、亚太泵阀有限公司、江苏飞跃

机泵集团公司、江苏法尔泵业有限公司、江苏亚梅泵业集团有限公司等多家企业建立了研究生培养基地和研究生工作站，建成全国工程专业学位研究生联合培养示范基地1个。2019年暑假，青年教师带领研究生到合作的企业中去实习，实习期为2个月左右。在实习过程中，研究生的科研理论知识和工程实践能力得到较大提升，真正做到了理论与实践相结合。博士和硕士研究生教育为企业的产品研发提供了必要的理论基础，企业为研究生实践能力的培养搭建了重要的创新实践基地，形成双赢的局面。

4. 贯彻落实"三全育人"长效机制的三项重要举措

"三全育人"建设中，流体中心作为专职科研单位，立足科研育人，从家国情怀、思想品德、科技实践等多维度，培养对国家有贡献、对母校有感情、对团队有归属感的新时代研究生。育人工作长效机制注重以下三个重要举措：

（1）关爱学子育人计划

号召流体中心教职工多触角关爱学生，促进学生身心健康发展，努力让学生更有归属感、让导师更有责任感。课题组通过名师讲座切实加强教师职业理想和职业道德教育，增强广大教师教书育人的责任感和使命感。以严谨笃学、淡泊名利、自尊自律的人格魅力和学识魅力教育感染学生，做学生健康成长的指导者和引路人。流体中心也多次邀请袁寿其书记、金树德老书记、赵杰文教授、闫永胜教授等名师作"如何做一名优秀研究生导师"的专题报告。同时，课题组加强团队教师的教育和管理，认真践行习近平总书记提出的有理想信念、有道德情操、有扎实学识、有仁爱之心的"四有"好老师标准，坚定做到立德树人、为人师表，做好研究生的引路人。

（2）科教协同育人计划

健全科教协同机制，努力让科研成果反哺教学。重视学科交叉与渗透，教学科研互动互促，培养理论与实践并重的全面型人才。不断培养研究生崇尚科学、追求真知、勤奋学习、锐意创新的笃学品质，将科研成果和学术前沿的动态渗透于专业课教学之中，引导研究生形成多思、多用的辩证思维与创新能力。不断发现新课题、引发新思路，进而带动科研的开展。科研水平的提高可以及时更新教师的专业知识，完善知识结构，拓宽教学内容，使教学工作历久弥新，形成各类人才辈出、拔尖创新人才不断涌现的局面。

（3）实践立行育人计划

构建"大实践"育人体系，让学生在更系统的实践锻炼中受教育、长才干。结合流体机械（泵）行业国家和社会发展需要，遵循教育规律和人才成长规律，深化推进研究生工程实践能力培养教育教学改革。目前，流体中心已和企业共建江苏省企业研究生工作站 10 余家，共创产业教授协同培养的教育模式，加大力度培养研究生实践和创新能力，在研究生到企业实习的过程中，培养他们解决工程难点问题和团队协作的能力。此外，定期邀请杰出校友开展专题宣讲和职业生涯讲座，让研究生结合自身的职业生涯，早定位、早谋划，以目标为学习的动力，尽快成人成才，为中国泵工业的崛起贡献力量。

5. 人才培养成效显著

多维度科研育人培养理念强化了研究生的理想信念、科研本领、人文修养和担当意识，拓宽了立德树人的实施路径，使得人才培养成效凸显。

在科研方面硕果累累，近年来的主要成果有：获国家级教育成果奖 1 项，江苏省教育成果一等奖 1 项；获批流体工程装备节能技术国际联合研究中心，高端流体机械装备与技术学科创新引智基地；获批全国工程专业学位研究生联合培养示范基地 1 个，国家博士后科研工作站 2 个，江苏省企业研究生工作站 6 个，江苏产业教授 7 人；获江苏省"十佳研究生导师" 1 人；获省优秀博士论文 2 篇、省优秀硕士论文 5 篇；获"挑战杯"大学生创业计划大赛金奖、银奖 2 项；获全国大学生节能减排竞赛一等奖 2 项、二等奖 2 项；获"挑战杯"全国大学生课外学术科技作品竞赛特等奖 1 项、一等奖 2 项；获全国百名研究生党员标兵 1 人，江苏省优秀学生干部和三好学生等 3 人；3 个班级获省先进班集体称号，10 余名研究生获批国家建设高水平大学公派留学奖学金项目联合培养或攻读博士学位；发表高质量论文 100 余篇，出版专著 6 部，承担国家重点研发计划、国家重点研发计划课题、国家自然科学基金等国家级项目 14 项，科研总经费近 8000 余万元。如今，流体中心的研究成果已广泛应用于南水北调、太阳能光热发电等国家重大战略领域，获国家科技进步二等奖 2 项、江苏省科学技术一等奖等省部级奖 20 余项。

第四节 科研团队育人典型案例

一、 江苏大学高效能电机系统研究团队案例

1. 科研团队简介

赵文祥，江苏大学教授、博导，国家杰出青年，现为江苏大学电气信息工程学院党委书记、江苏大学高效能电机系统研究所所长；主持国家自然科学基金重大项目、国家科技重大专项、军委基础加强项目课题等科研项目；获国家技术发明二等奖、军队科技进步一等奖、教育部自然科学一等奖、IET Premium Awards、江苏省青年科技奖、全国优秀博士学位论文提名等奖项；先后赴香港大学、英国谢菲尔德大学学习和进行课题合作；作为第一作者/通讯作者发表本学科权威期刊 IEEE 汇刊论文 40 余篇，其中 4 篇入选 ESI 高被引论文；授权发明专利 20 余件；入选江苏省"333 工程"中青年科学技术带头人、江苏省"青蓝工程"中青年学术带头人、江苏省教育工作先进个人、江苏省优秀博士学位论文指导老师。

2020 年 8 月，国家自然科学基金委员会公布了 2020 年度国家杰出青年科学基金建议资助项目申请人名单，其中，江苏大学赵文祥教授荣获国家杰出青年科学基金项目资助。国家杰出青年科学基金于 1994 年由国务院批准设立，由国家自然科学基金委员会负责管理，支持在基础研究方面已取得突出成绩的青年学者自主选择研究方向开展创新研究，以促进青年科学技术人才的成长，吸引海外人才，培养造就一批进入世界科技前沿的优秀学术带头人，是我国人才梯队最重要的台阶之一。国家杰出青年科学基金享有很高的声誉，这项基金有着非常严格的评审制度，能够获得这项基金资助，意味着长期耕耘于电机及控制领域的赵文祥教授的学术水平得到了同行的一致认可。

2. 突破壁垒 以质取胜

电机系统是支撑国民经济发展和国防建设的重要能源动力设备，也是先进制造、电气化交通、航空航天、国防军工等战略性新兴产业的关键与核心，对

我国装备制造业和国防建设起到关键的支撑作用。电机系统的停转或功能丧失会严重威胁重大装备整体运行性能，甚至带来致命影响，导致灾难性事故，因此，提高电机系统的容错能力，提升装备可靠性，对国防建设和人身安全具有重大意义。赵文祥教授在攻读博士学位期间便对永磁容错电机展开研究。由于永磁容错电机属于学科前沿研究，且容错技术又与军事联系紧密，属于保密技术，因此可供参考的文献稀少。此外，他研究的永磁容错电机是新型结构电机，传统电机理论并不适用，导致研究曾一度陷入困境。在坚持不懈的努力下，赵文祥教授克服了一个又一个难题，取得了丰硕的科研成果，提出了多种容错式电机结构及其控制方法，建立了高可靠性定子永磁型电机容错控制技术的基本理论框架，实现了电机在缺相故障条件下输出的平均转矩、转矩脉动基本不变，并能够自动启动、容错运行，这些研究工作为永磁容错电机在高可靠性领域的应用奠定了坚实的理论与技术基础。最终，其博士论文《高可靠性定子永磁型电机及其容错控制》获得全国优秀博士学位论文提名奖。此外，攻读博士学位期间，赵文祥与导师合作申报了 1 项国家自然科学基金，先后成功申报 2 项航空基金和 1 项教育部博导基金，并获得国家自然科学基金青年项目的资助。作为尚未博士毕业的一名讲师而言，其难度可想而知。赵文祥在攻读博士学位期间练就的过硬的科研本领与科研素养为后续开展永磁容错电机的研究打下了坚实的基础。

作动器是飞机飞行控制系统的执行机构，其品质对飞机性能和安全具有举足轻重的影响。相较于传统的液压作动器，电作动器具备可靠性高、力密度高、体积小和重量轻等优势，在航空航天等领域具有广泛的应用前景。由于相关研究起步较晚，加上美国 NASA 将电作动系统列为航空航天的核心技术，对我国实行严密封锁，导致我国电作动系统研究水平低、进展缓慢，远远落后于发达国家。永磁容错电机是影响电作动器性能的关键部件，常规采用双余度或多余度电机技术，致使电机系统体积和重量成倍增加，根本无法满足航空电作动器对电机重量和体积的苛刻要求。为突破欧美发达国家对我国的技术壁垒，博士毕业后，赵文祥回到母校江苏大学任职，对作动器电机系统展开了深入的研究。任职初期，电气信息工程学院在电机系统方向的研究还处在初步发展阶段，赵文祥坚守初心，全身心投入，带领仅十余人的团队夜以继日开展科学研究，提出了"周六保证不休息，周日休息不保证"的口号。他以身作则，时常从清晨工作至深夜，为团队树立了学习榜样。他和研究团队发奋图强，终于在几千个日夜后，从永磁电机本体设计和容错控制上，根本性地解决了永磁电机容错运行难的技术瓶颈，显著提升了永磁电机作动系统的稳定运行能力；尤其在连续运行要求高的核心动力装备领域，保证了我国装备运行可靠性与威慑性。赵文祥教授在永磁容错电机拓扑结构和容错控制方面取得了瞩目的研究进展，获得了行业内专家学者的一致认可，为永磁容错电机的研究与应用开拓了新的发展方向。赵文祥教授于 2013 年、2014 年连续获得江苏省杰出青年科学基金项目和国家优秀青年科学基金项目资助，2015 年永磁容错电机的研究成果获国家技术发明二等奖，所研制的永磁容错电机系统已成功在多个型号飞行器上得到了应用，为我国国防事业做出了重要贡献。

战斗机与电作动器

赵文祥教授组织召开研讨会

3. 厚积薄发　勇挑重担

我国的制造业正朝着数控化、自动化和智能化的方向发展，着眼上游产业链，诸如高端数控机床、半导体加工等高精尖产业对电机产品的性能提出了更高的要求。作为装备制造业中众多领域的重要支撑和组成部分，伺服电机的战略地位不言而喻。然而，目前我国伺服电机系统发展水平较低，与国外先进技术差距大，无法满足高端装备应用的需求。欧美日等发达国家基本垄断了高品质伺服电机系统的市场，并实行技术封锁，制约了我国高端装备制造业的发展。为提升我国装备制造业水平和重大装备核心竞争力，赵文祥教授作为江苏大学相关负责人，与东南大学、哈尔滨工业大学、浙江大学和华中科技大学等高校的专家共同承担了 2020 年国家自然科学基金重大项目"高品质伺服电机系统磁场调制理论与设计方法"，针对高品质伺服电机系统发展面临的瓶颈与挑战，围绕伺服电机的气隙磁场调制机理、拓扑演变规律、多因素耦合等问题开展研究，创建高品质伺服电机系统理论与技术体系。其中，赵文祥教授负责的课题"高品质伺服电机系统多因素耦合分析方法"以航空航天、高端农业装备、机器人等应用领域的伺服电机系统基础理论创新为切入点，剖析伺服电机系统多因素耦合机理，针对航空航天高动态、高端农业装备复杂工况等应用需求，提出高品质伺服电机系统多因素耦合分析方法，旨在突破高品质伺服电机系统关键技术瓶颈。目前，赵文祥教授正带领团队对该课题开展研究，已建立了磁-热网络的建模与耦合分析方法，提出了基于网格剖分的等效磁-热网络法与集总参数的数据交互算法，实现了空间上的边界交叠与参数交互，提高了电机动态耦合计算的精确性。该项目所取得的成果将形成一系列高品质伺服电机系统自主知识产权，为我国高品质伺服电机系统关键技术的突破提供理论与技术支撑。

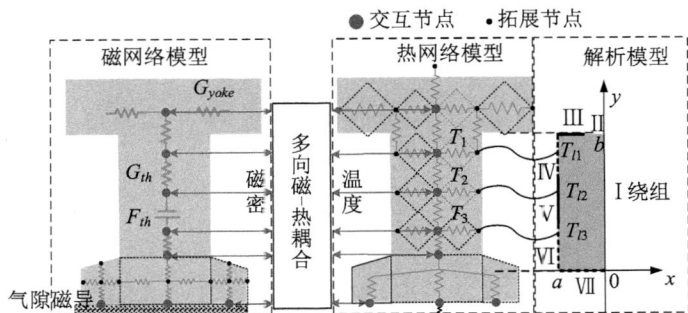

磁-热耦合动态分析模型

4. 不畏挑战　越战越勇

电推进系统相对于传统内燃机推进系统，具有高效节能、排放低、噪声振动小等优点，是先进航空飞行器和舰船推进系统的发展方向。电机是电推进系统的动力来源，其性能的高低对装备整体性能具有重大影响。然而我国对飞行器电推进系统的研究起步较晚，对于航空电推进系统的研究还处于初级阶段，研发出满足航空飞行器的高效轻质电推进系统是亟待突破的难题。基于深厚的永磁电机系统研究功底与丰富的项目经验，赵文祥教授勇挑重担，承担了国家重大科技专项，为某航空飞行器电推进系统研制高效轻质永磁电机。该项目对装载电机质量和效率有着严苛的限制，并且推进系统的工作环境气压低、散热难、温升高，进一步加剧了研发难度。由于首次面临如此严峻的研发挑战，研究过程中经历了各种意料之外的挫折与困难，但是赵文祥教授不畏艰难、孜孜不倦、步步攻关，解决了一个又一个难题，创新性地设计了单边聚磁转子结构，提高电机的力能密度并缩小电机体积，达到减轻电机重量的目的。同时采用磁动势谐波抑制技术抑制了电机损耗，既保证了极端环境下的电机系统的温升限制，又解决了永磁电机质量与效率的矛盾，最终成功研制了具有高功率密度的高效轻质电推进系统。验收测试专家组于 2020 年在青海省海北州对电机总体和推进系统项目进行了高海拔地区车载联合试验测试，试验结果表明，赵文祥教授团队设计的电推进系统性能指标优越，满足了航空飞行器的运行需求，推动了我国航空电推进领域技术的发展。

青海省车载联调现场

5. 持之以恒　久久为功

随着航空航天技术的发展，多电/全电飞机成为航空领域的研究热点，其作动器的性能需求朝着高可靠、长寿命和高动态方向不断提升。由机械滚珠丝杠构成的机电作动器，不可避免地会面临机械磨损与机械卡死等问题，直接威胁飞机的安全运行。为解决机械传动结构的固有缺陷，同时使之具备高推力密度、高可靠的优点，赵文祥教授团队在军委装备预研领域基金项目"高性能磁力丝杠集成电作动系统的关键技术研究"的资助下，对高可靠大推力磁力传动系统展开研究。不同于传统提高机械装置可靠性的技术路线，赵文祥教授巧妙地使用直线电机构成直驱系统，将永磁磁力传动技术应用于直线作动系统，形成新型电作动系统，提出了兼具高推力密度、高可靠性的磁力丝杠直线作动器，在保证高推力密度的基础上，从根本上解决了传统机械传动直线作动装置存在的机械卡死、磨损等致命缺陷，而且可以保证高推力密度，满足航空作动器的应用需求。针对该类新型作动器结构，赵文祥教授建立了一般性的设计原则和分析方法，研究了高机械强度、高性能的螺旋形永磁磁路制造工艺，并提出了一种螺旋磁极的分段设计方法，依据螺旋导程，将永磁体圆弧进行斜切割处理，切割后的磁环无须进行轴向方向的位移，可以准确地形成一组理想螺旋磁环，并加装了燕尾槽结构，极大地提升了磁体拼接精度、机械强度和表面圆度，进而保证动、转子之间气隙长度均匀，实现了高性能螺旋形磁路工程设计。随后，团队构建了永磁电机集成设计，并进行磁场解耦分析，设计了磁力丝杠集成电作动器。该作动器具有无须润滑、过载保护等优点，可有效应对航空航天装备中集成电作动器在高海拔、高温低压环境下润滑困难的问题，极大地提高了系统的可靠性。

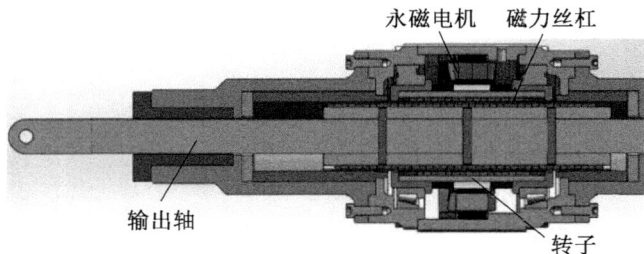

磁力丝杠集成电作动器

项目在验收时得到军委装备领域专家的一致好评，结题等级为优秀，专家认为该集成作动器具有高可靠、高推力的特性，在航空航天领域的应用具有明显优势，该项目的成果对我国航空航天作动装置的发展具有重要的科学和实际意义。

6. 传承有序　百花齐放

全球经济的快速发展对生态环境所能承受的极限提出了挑战，运用直线电机牵引的城市轨道运输系统兼具大运量、低能耗、少污染的优点，可以缓解经济与环境之间的严峻矛盾。此外，在电梯曳引等垂直直线运载装备中，直线电机有非黏着驱动技术的优势，可大幅提升电机系统的载荷比，同时避免机械传动装置的物理黏着，并提高系统运行能效。在资源紧缺、推动节能减排的大背景下，赵文祥教授提出了初级永磁型直线电机，大幅降低了永磁直线电机在轨道交通和高层电梯等长行程应用场合的造价成本，并创新性地利用电机的磁场调制原理，显著提高了电机推力性能。目前，该项技术已经在国内轨道交通企业进行本地化生产和配套服务，将有力推动我国轨道交通领域电机技术的自主创新与应用。赵文祥教授还与电机生产加工企业有着深度合作。2018年，某企业产品出现了永磁电机振动噪声异常突出的问题，该企业技术人员采用多番手段都未能解决，最终联系到赵文祥教授寻求技术攻关。针对这一工程问题，赵文祥教授带领团队同时对永磁电机本体和控制器进行了分析与优化，分别从电机侧和控制器侧提出了改进设计方法，从根本上解决了问题，提升了电机的振噪性能，其效率之高、效果之好获得了企业专业人士的高度评价。赵文祥教授的研究工作提高了企业的生产效益，助推了企业的转型升级。

7. 教书育人　静水深流

赵文祥教授力求集智育和德育于一身，以智育为基础，以德育为目标，在传授知识的同时，注重学生的思想教育，向学生讲授我国在该领域的重大需求，培养学生的爱国情怀。此外，在课堂教学中加入科研内容，让科研资源向教学倾斜，形成"科研反哺教学"这一新模式。他将科研的思维方法及成果融入教学，使学生的学习不局限于书本上的基础知识，注重对学生创新性思维的培养。他认为，作为工程应用类的高校教师，在掌握理论教学方法的同时要让学生真切地感受到所学知识的实用价值和应用前景。这种教育模式提高了学生对理论知识的掌握水平，培养了学生的创新意识和创新能力。他指导的本科生完成了国家级大学生创新创业训练计划项目，获得了全国大学生电子设计竞赛国家一等奖、江苏省普通高校本专科优秀毕业设计团队奖等。

赵文祥教授在讲授课程

2015 年上半年，赵文祥教授收到 ICEM 国际会议的征稿通知，第一时间便安排研究生陶涛着手写论文。这是陶涛第一次用英文写论文，文章前前后后被赵文祥教授改了四五次。陶涛常常在晚上 10 点以后收到改动后的论文，小到单词拼写、语法结构，大到整个论文的结构和逻辑，一篇写满批注的论文除了让陶涛学到很多知识外，还体会到老师的辛苦。比起教授学生知识，赵文祥教授更注重方法的指导和科研精神的培养。他对学生的每一篇论文都会仔细地、一字一句地修改，连标点符号都不放过。他修改过的论文总是布满密密麻麻的字，有时批改内容比论文本身还要多。研究生卞芳方曾感叹，"赵老师改一篇论文要比写一篇更麻烦，从整体的逻辑思维、内容的排版、语言的精炼程度、数据的准确度，再到每个图表中的小细节，老师都有苛刻的要求。"赵文祥教授坦言："正是通过这种方法才能让学生体会到修改前后的差异，这种差异不只是内容上的，更是思路上的，学生通过比较会感到思路更开阔了。"提起赵文祥教授这种严谨的科研作风，课题组的青年教师陈前表示一点也不意外。他说，赵老师常对课题组的人说，"咱们的工作只有 0 和 1 之分，有一点不满意就是 0，做到极致就是 1。"在赵老师的言传身教下，课题组多名研究生的论文获评江苏省优秀博士学位论文、江苏省优秀硕士学位论文。

赵文祥教授在修改研究生论文

在学生眼里，赵文祥教授不仅是一位高水平的老师，也是一位有温度的老师。当研究生郑军强收到论文拒稿的消息时，内心几乎是崩溃的，甚至产生了辍学的想法。赵文祥教授及时洞察到小郑的情绪变化，与他进行了一次深谈。他告诉小郑，每个人都有遇到挫折的时候，都会遇到不顺心的事，聪明的人会调节自己的情绪并在颓废后奋起。同时他以自己读研时失败的经历激励小郑，告诫他不要害怕失败，能在失败中成长就是最好的结果。经过赵老师的开导，小郑逐渐养成勤奋踏实的品质，在科研的道路上勇攀高峰，发表了多篇高水平论文，并获得国家奖学金。为培养研究生的国际视野，了解最新的科研进展，赵文祥教授热心帮助博士生联系海外名校的联合培养，课题组多位博士生获得向海外名校知名导师学习的机会，研究生学习到国际科技发展的前沿技术，找准自身不足，鼓足科研干劲，提高了研究团队的科研水平。

赵文祥教授指导研究生开展实验研究

赵文祥教授不仅向学生传授知识，指导他们进行科学研究，还经常与青年教师讨论科研方向与方法，传授自身成功的科研经验，帮助青年教师快速成长。在青年教师科研项目申请方面，赵文祥教授从选题方向、科学问题的凝练、研究方案的论证等角度对项目申报书给出细致修改意见并指导修改，培养青年教师从事科学研究的严谨态度，加深其对科学研究的理解。在他的指导下，课题组青年教师共获得国家自然科学基金青年项目 5 项、江苏省自然科学基金青年项目 4 项，青年教师基金项目资助率远高于学科平均资助率。此外，赵文祥教授热心协助青年教师与海内外知名学者建立联系，在赵文祥教授的指导和帮助下，课题组博士后徐亮获选"香江学者计划"，获得了与香港理工大学知名学者合作开展研究的学习交流机会。在社会服务方面，针对企业的实际需求，赵文祥教授积极帮助青年教师与社会需求接轨，建立企业与青年教师的沟通渠道，在帮助企业解决实际问题的同时也帮助青年教师成果转化。赵文祥教授常说："科技工作者不仅要鞠躬尽瘁，勇做科技浪潮的攀登者，也要具有甘为人梯的胸怀，发挥团队的力量，团结协作，才能更好地为国家、社会做出更大的贡献。"

如今，在赵文祥教授的带领下，研究团队日益壮大，在电机系统方面的研究取得了丰硕成果，打破了发达国家在永磁容错电机领域的技术垄断，推动中国永磁容错电机研究走在了世界前列。与此同时，他还培养了大批有理想、有本领、有担当的创新型人才。近年来，团队共培养博士生 12 名，硕士生 90 名；已毕业博士 5 名，硕士 60 余人。团队获得江苏优秀博士学位论文 1 篇、江苏省优秀硕士学位论文 3 篇、江苏大学优秀博士论文 3 篇、江苏大学优秀硕士学位论文 15 篇。研究生的就业率为 100%，主要分布在中国航天科工集团、中国船舶重工集团、国家电网有限公司和中国电力科学研究院等大型国企及科研院所，以及上海蔚来汽车有限公司、美的集团、航天林泉电机有限公司等大型私营企业，从事高端科技装备产品的生产研发工作；部分研究生考取英国谢菲尔德大学、英国纽卡斯尔大学、中国东南大学、中国哈尔滨工业大学等海内外重点高校继续深造。研究团队中的研究生毕业后在行业内积累了优秀的口碑，受到学术界、工业界同行的高度评价与认可，为我国高端装备制造业培养和输送了大批优秀人才。但是，赵文祥教授并没有满足于已取得的成果。他说："努力，机会就会大于零；不努力，机会就一定为零。我非常感谢学校，也是我的母校，给我这样一个施展自我的舞台。"他还说："我会努力搞好科研，教好书，回报我的母校。"赵文祥教授将继续深入探索电机理论和容错控制问题的本质，面向国家的重大需求，对其科学与工程问题开展针对性的研究，推动容错电机系统的进一步发展，为我国国防事业和科学技术发展做出新贡献。

二、 江苏大学食品无损检测团队科研育人案例

1. 食品无损检测团队简介

江苏大学在国内率先开展食品、农产品品质快速无损检测研究，研究水平保持国内领先。农产品食品无损检测技术及智能装备团队是一支有着 30 多年历史积淀的团队，现有教授 8 人、副教授 12 人、博士生导师 10 人、硕士生导师 21 人，形成了以国家级重要人才为核心的研究团队。现团队负责人邹小波教授，长期从事食品智能化检测与加工装备研究，其成果获国家技术发明二等奖 2 项。

近年来，在邹小波教授和赵杰文教授等的带领下，研究团队着力开展食品、农产品品质无损检测新方法、新技术和新装备研究。该方向先后获批国家重点研发计划、国家 863 计划、国家科技支撑计划、国家自然科学基金、农业公益性行业专项等国家级项目 50 余项，授权国家发明专利 60 余件，国际 PCT 专利 12 件，授权美国发明专利 5 件、德国专利 1 件；出版中文专著 10 本，英文专著 5 本；发表的论文被 SCI/EI 收录 500 多篇。研究成果获国家技术发明二等奖（2 项）、江苏省科学技术一等奖（3 项）、教育部技术发明一等奖、中国机械工业科技一等奖（2 项）、中国轻工业技术发明一等奖（2 项）等国家或省部级奖励 10 多项。

（1）科研特色

① 起步早：20 世纪 80 年代率先开展食品、农产品品质快速无损检测研究，经过 30 年的坚守和创新，形成了检测与加工研究特色，如计算机视觉检测技术（20 世纪 80 年代末）、电子嗅觉检测技术（20 世纪 90 年代初）、近红外光谱检测技术（20 世纪 90 年代中）、多技术融合检测技术（21 世纪初）、光谱成像检测技术（21 世纪初）。

② 手段全：构建了食品光、声、电、磁、力等传感信息获取、处理、控制

的无损检测技术体系。

③ 装备新：在食品智能化评价新方法、智能化成像检测新技术、加工过程的智能化监控技术与装备等方面均取得了原创性突破。

近年来，农产品食品无损检测技术及智能装备方向围绕国家食品安全和"健康中国 2030"等国家战略规划，深入开展了以下四个方面的研究：① 食品质量与安全智能化快速检测技术研究，研究食品、农产品智能化仿生传感与评价方法；② 食品加工过程智能化监测与品控研究，研发食品加工过程在线监测信息采集新型传感器，以及配套技术装备和智能控制系统；③ 食品智能化加工新技术研究，开发食品连续化、数字化、智能化等食品工程化加工新技术，以及连续化、智能化新装备；④ 食品物联感知与评价预警研究，构建食品安全物联网监测系统。该方向在食品智能化评价新方法、智能化成像检测新技术、加工过程的智能化监控等方面特色鲜明、成效显著。

（2）学术水平

团队在国内率先开展食品、农产品品质快速无损检测研究，并始终处于本领域的前沿。近年来，着力开展食品、农产品品质安全智能化检测前沿新技术与新装备研究，形成了理论攻关、技术突破和装备创制"三位一体"的鲜明特色，引领食品智能化检测与加工研究发展方向。

① 嗅觉可视化新技术与装备。研究模拟人的嗅觉器官感知功能，通过气敏材料捕获特征气味呈现颜色变化的机理，突破了气体传感材料筛选、传感芯片制备等核心技术，创制嗅觉可视化传感器，研发了食品质量安全的嗅觉可视化装备。相关成果"食品质量与安全指标可视化无损检测新技术"获教育部技术发明一等奖。

② 光谱及成像检测新技术与装备。研究食品组织内部的光传输规律，突破光传输特征信息的有效获取和实时处理等关键技术；研究从宏观高光谱成像到微观显微成像的食品结构变化过程和多尺度解析技术，创制系列化食品、农产品检测新装备。相关成果"食品、农产品品质无损检测新技术和融合技术的开发"获国家技术发明二等奖。

③ 食品加工过程智能控制新技术与装备。针对食品加工过程的混沌性和时变性控制难题，突破了食品加工过程传感器数据实时获取和同步处理的技术，提出了神经网络逆解耦合模糊手段相结合的控制技术，实现了时变性、

非线性、带约束的食品加工系统的智能控制。相关成果"特色食品加工多维智能感知技术及应用"获何梁何利产业创新奖和国家技术发明二等奖。

④ 食品智能化评价新技术与装备。针对食品评价多感觉器官交互感应的复杂问题，发明了食品智能化仿生评价新方法。研究突破了仿生传感器功能化处理与制备技术，创制的传感器在信息获取上与人类感觉器官相接近；突破了人类感官间交互感应的数学模拟技术，创建了食品智能仿生评价新体系。相关研究成果"茶叶加工过程智能在线监测技术及新产品开发"获江苏省科学技术一等奖。

（3）标志性成果

① 2019 年，邹小波、陈全胜、石吉勇、李国权、张春江、赵杰文的研究课题"特色食品加工多维智能感知技术及应用"获国家技术发明二等奖。

② 2008 年，赵杰文、黄星奕、邹小波、蔡健荣、刘木华、陈全胜的研究课题"食品、农产品品质无损检测新技术和融合技术的开发"获国家技术发明二等奖。

③ 牵头承担 2 项国家重点研发计划项目。"现代食品加工及粮食收储运技术与装备"重点专项项目：中式自动化中央厨房成套装备研发与示范；"食品安全关键技术研发"重点专项项目：食品腐败变质以及霉变环境影响因素的智能化实时监测预警技术研究。

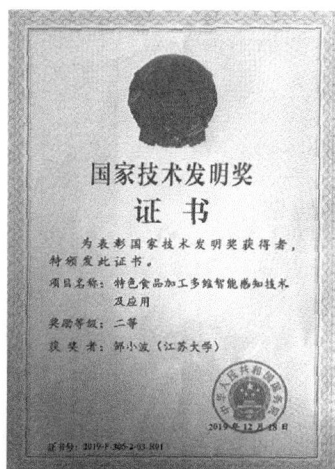

研究团队获奖证书

2. 传承科研精神，砥砺前行铸辉煌

不忘初心，砥砺前行，铸就团队新辉煌。继团队创始人赵杰文教授牵头的"食品、农产品品质无损检测新技术和融合技术的开发"获得 2008 年国家技术发明二等奖之后，邹小波教授牵头的"特色食品加工多维智能感知技术及应用"再次获得 2019 年国家技术发明二等奖，2020 年邹小波教授又荣获"全国创新争先奖"，充分诠释了团队在食品无损检测研究方向的坚持与创新。正如邹小波教授所言："赵老师带我，我带研究生，这就是团队的传承；作为新时期团队的中坚力量，我们要继续秉承老一辈'立德树人、不忘初心'的科研精神，奋勇前行，在科学研究和技术应用上继续创新，撸起袖子加油干，在新时代取得新辉煌。"

3. 加强人才培养，薪火相传续光辉

强化人才队伍建设，夯实持续发展根基，人才是科技发展和团队建设的根本。长期以来，江苏大学食品无损检测团队形成了优良的教书育人传统，重视人才培养和团队建设。在新的发展时期，团队坚持以人为本的发展策略，尊重知识，尊重人才，尊重创新，成绩斐然。在何梁何利科学技术创新奖获得者、江苏省教学名师等老一辈科技工作者的指导下，培养了一支年轻的以长江学者特聘教授、国家万人计划科技领军人才、中青年科技创新领军人才等为核心的新时代科研创新团队。这些年轻的科技工作者勇于担当，不忘初心、牢记使命，着眼科技事业接力推进、薪火相传，做出卓越成绩。获得亚太地区青年科学家奖、Net - Scopus 中国青年科学之星、中国青年科技奖、中国机械工程学会青年科技成就奖、中国农业机械学会青年科技奖、霍英东青年教师奖等荣誉。团队指导的研究生论文获得全国优秀博士学位论文 1 篇、全国优秀博士学位论文提名 1 篇、江苏省优秀博士学位论文 6 篇、江苏省优秀硕士学位论文 3 篇；全国"挑战杯"创新一等奖 4 项。忆往昔，看今朝，望未来，一代又一代的科研工作者薪火相传，共同奏响食品无损检测团队的时代强音。

4. 坚持以德润才，勇于创造树新风

"才者，德之资也；德者，才之帅也。"德才兼备的学术新风是一个团队再创辉煌的内在澎湃动力。作为团队德高望重的长者、共和国勋章获得者，赵杰文教授乐于奉献、甘为人梯的宝贵精神深刻影响着食品无损检测团队中的每个人。为进一步完善团队人才培养激励机制，由若干位赵杰文教授指导过的研究生校友自主发起并设立了"杰文奖助学金"，资助在食品、农产品无损检测领域的优秀在读研究生（包含留学研究生和预备研究生）。这开辟了校友在母校的科研团队中设立奖助学金的先河，旨在鼓励优秀学子怀有一颗感恩的心，艰苦奋斗，锐意进取，在未来为食品无损检测事业添砖加瓦。作为新时代科研的中坚力量，年轻教师不仅要继承老一辈艰苦奋斗的传统，也要为优秀的学子树立榜样。创新是引领发展的第一动力，谋创新就是谋未来，团队合作创新在江苏大学食品无损检测团队中已蔚然成风。奖学金的设立不仅提供了丰厚的物质奖励，更在精神上鼓舞着学子们奋发有为、勇于创新，大大增强了团队的核心竞争力。此外，团队培养的研究生获得国家奖学金 20 次，江苏省优秀大学生共产党员 1 人，培养的青年教师获得江苏大学优秀学业导师。这些青年才俊的成功不是偶然，团队在学生培养中坚持以德为先，遵循人才培养规律，避免了急功近利、拔苗助长，为立德树人注入新的时代内涵与活力。

5. 牢记科技报国初心，积极推动科研成果转化

科学技术是第一生产力，但科研成果必须经过成功的转化过程，才能从潜在的生产力转变为现实的生产力。针对食品类研究生"重工艺轻工程"的现象，邹小波教授"以项目为牵引，以项目促工程"，研究生导师以获批的国家/省部级纵向科研项目、企业横向开发项目为推手，开展各种工程能力训练，坚持国际化及科研反哺教学的工科人才培养模式。团队研究生成系列地开发了食品农产品计算机视觉智能分级装备、禽蛋品质（裂纹、大小头排列及称重）检测装备、便携式多光谱成像及嗅觉可视化成像检测装备、食品发酵过程智能监测及控制装备等，并且推广至醋、酒、茶、水果等行业龙头企业。此外，从邹小波教授实验室走出的研究生已成立高新技术企业 13 家，企业年累积销售额近 3 亿元，促进了食品、电子、机械、汽车等行业的智能化水平，用实际行动响应了"大众创业、万众创新"的国家战略。

江苏大学食品无损检测团队始终牢牢抓住立德树人的根本任务，披星戴月，砥砺前行，薪火相传，培养了一批又一批德才兼备的优秀人才。在抢占食品无损检测科技制高点和未来食品智能制造高质量发展的关键时刻，食品无损检测团队将不忘科技报国初心、担当科研育人新使命，倾情谱写新时代立德树人新篇章。

第五节　科教育人典型案例

物理与电子工程学院的孙宏祥教授，在过去的 5 年里，指导培养了 15 名本科生，他们以第一作者发表的 23 篇论文被 SCI 收录，其中影响因子 10 以上的一区顶级期刊论文 3 篇，在"挑战杯"国赛等各类高水平学科竞赛中获奖 24 项，完成国家级和省级大创项目 14 项。现在他们已全部读研深造，其中 2 人获得攻读美国杜克大学全奖博士学位的机会，7 人分别赴清华大学、浙江大学、南京大学、同济大学等国内顶尖高校硕博连读。孙教授在"国创计划十周年"的庆典上，获得"全国大学生创新创业训练计划最佳导师奖"的称号。

1. 目标规划，充分交流

本科生的视野相对局限，教师要高瞻远瞩，引导他们科学规划人生，激励他们走出舒适区，挑战自我。最早带本科生做科研时，孙宏祥教授也认为本科生只能当助手，处理数据、计算算法，"安排做什么就只会做什么"。后来，为了让本科生熟练地掌握各种科研方法与工具，孙宏祥教授转变了思路，从项目选题、项目申报、项目开展、论文写作等各个环节进行系统指导。这种模式持续一段时间后，孙宏祥教授放手让学生自己去啃硬骨头，他只做方向上的指导。

夏建平是这种新的方式下培养的第一位"科研明星"，他的成长来自孙宏祥教授近乎残忍的"揠苗助长"。夏建平本科三年级时才进入课题组，孙宏祥要求他第一篇论文就按照 SCI 论文级别进行写作，这看似"揠苗"的举动让夏建平突破了自己的极限，本科期间发表 4 篇 SCI 二区论文，本科毕业时已达到南京大学博士生毕业的标准。孙宏祥教授认为，夏建平的成功不是个案，在夏建平之后又有越来越多的"夏建平"出现，"科研反哺教学、教学促进科研，在这种良性的循环互动下又助推了学霸的养成"。在学生刘宸的记忆里，一进课题组就要阅读全英文文献，这一苛刻的要求被刘宸戏称为"大学式看图作文"。后来，刘宸荣获江苏省物理实验创新大赛一等奖，在大学期间发表 3 篇 SCI 论文，其中有 2 篇是在跟随孙宏祥教授做毕业设计的短短三个月的时间内完成的。

通过交流激发学生的斗志也是孙宏祥教授常常采用的方法。比如，物理师范专业本科生的就业方向是中小学教师。然而，孙宏祥以成为一名高校教师或研究员的目标去激发他们的斗志，他常用校党委书记袁寿其的一句话"潜力是无穷的，奇迹是创造的，你永远比你想象的更优秀"去激励他们。孙宏祥教授和每位学生的深入交流平均不少于 20 次，不断培养他们的毅力，磨炼他们的意志。因此，量身订制的培养目标，加上真诚深入的交流就可以开启他们科研的小马达。

孙宏祥教授指导学生

2. 示范引领，思维碰撞

科研育人的主体是教师，教师必须做到以身示范，标杆引领，既要做好学生的科研导师，更要做好品行之师，既要育智，更要育人。团队教师坚持和本科生同吃同住，同进同出，全方位做好学生的表率。人最多的时候，师生共 17 人挤在不到 25 m^2 的工作室里，虽然拥挤，但内心是暖融融的。师生间可以随时开展科研交流，进行思维碰撞，一个火花就可能成就一篇 SCI 论文，甚至是一区顶级期刊。

学长的榜样作用同样不可估量。比如，孙宏祥教授培养的学生夏建平频传捷报，因此成为学弟学妹心中的偶像。在夏建平申请到美国杜克大学全奖博士后，学妹钱姣也顺利通过了美国杜克大学全奖博士面试，学弟黄玉磊凭借两篇 TOP 期刊论文获得了清华大学硕博连读的入场券。

3. 科学指导，严格要求

将学生领进门，却不局限于门。应以本科生科研项目为抓手、学科竞赛为平台，培养他们的集体攻关、团队协作能力。导师所带的本科生必须经历技能培训、文献阅读、项目申请、论文写作、学科竞赛五个阶段的历练，发现问题、解决问题的能力才能得到锻炼。同时，鼓励并支持本科生参加各类学术会议，及时掌握学科前沿动态，了解相关领域杰出科研人员的最新研究进展，激发学生的创新能力。

科研和育人互相促进，协同发展，跳好这支"双人舞"，不仅能助推一个个科研小达人全面成长，也能促进教师实现"育人"的职业目标。最后，千万不要低估本科生的科研潜能，他们缺乏的只是一次历练的机会，正如古希腊的物理学家阿基米德所说，给他们一个支点，他们就可以撬起整个地球。

第六节　产学研协同育人典型案例

一、 江苏大学与银环集团产学研合作及人才联合培养案例

1. 案例背景

江苏大学的综合实力一直位居全国高校百强之列，是首批博士、硕士、学士学位授予单位，工科特色明显。其中，材料科学与工程学科为一级学科博士学位授权点、博士后流动站、江苏大学优势学科、江苏省"十五""十一五"重点学科，材料科学学科进入 ESI 排名全球前 1%，是江苏省高性能合金产业技术创新战略联盟副理事长、秘书长单位。为满足装备制造和重大工程需求，对接国家新材料产业"十二五"发展规划，学科明确把高端结构材料作为重点发展领域，利用现有的研发队伍、研发基础，整合资源，建设服务于重大装备关键配套材料的研发平台，建有江苏省高端结构材料重点实验室和江苏省高端金属结构材料及重大装备关键部件成形技术协同创新中心。

江苏银环精密钢管股份有限公司位于江苏省宜兴市，于 2014 年更名为江苏银环精密钢份有限公司（以下简称"银环集团"），是国家重点高新技术企业，专业研制核电、电站锅炉、石油石化、航空航天、高速列车等重大装备领

域所需的高技术、高性能特种管材，是国家重大装备用关键管材国产化基地，已为国内的东方电气、上海电气、大连日立，以及日本的东芝等企业配套制造电力装备，成为上述企业的特约供应商或战略合作伙伴，成功开辟了国际市场，其产品已在日本、印度、伊朗等国家的超临界火电站装机使用。

2．面临的问题

江苏大学在与银环集团的产学研合作对接中发现，在产学研合作与人才培养机制上存在如下问题：

（1）在学术界和企业界都很活跃的高校双跨科研人员数量规模较小

创业型教授是企业与大学之间联系的枢纽，他们既具有高水平科研能力，又具有坚实的工程应用能力，能保持与企业界的密切合作，同时保留教职，通过合作研究、派遣学生参与项目研究、企业咨询、参加企业的顾问委员会等方式在大学与公司之间搭桥。银环基地的研究生合作培养，主要依靠学校具有"双跨科研人员"身份的教师，在研究生结束课程学习以后，主动把学生送到企业去通过项目进行培养。然而，高校中这样的教师数量并不多，以这种方式培养研究生的规模及影响力都受到限制。因此，高校应着手扩充双跨科研人员，尤其是年轻教师，不仅要提高年轻教师科研水平，而且要培养年轻教师工程应用的能力，满足研究生联合培养的需求，同时提升企业的创新能力。

（2）企业和大学之间互通信息的机制尚未完全建立

在产学研合作培养研究生的过程中，高校需要了解企业的信息，包括企业的基本情况、产品发展方向、涉及的学科专业，以及企业需要哪些专业的研究生，等等。同样，企业也需要及时了解高校的一些信息，包括高校的研究方向、研究成果等。当前，大多数高校相关职能部门对学院开展产学研联合培养研究生的情况掌握得不够具体和详细，联合培养双方必须经过自上而下，再自下而上的整个循环过程，才能真正落实。因此，学校、研发团队和企业之间在合作时应建立长远的战略目标，克服短期行为，努力实现可持续发展，真正做到学校研发团队和企业研发平台的无缝连接，使双方的研发工作协同共进，提高企业研发水平，促进企业发展，同时分析和解决在研究生培养过程中出现的新问题、新矛盾，真正提高研究生的工程应用能力。

（3）多数企业对联合培养研究生缺乏积极性

目前，校企联合培养研究生主要以项目为依托，项目主要来源于相关行业项目、国家项目、合作机构项目、政府项目、学校项目和其他形式的项目等。联合培养过程中，许多企业缺乏主动性，甚至多年没有研究生进入企业，因为联合培养研究生不能在短期内创造效益，同时还需要企业投入人力和物力，因此，建议对具有联合培养基地的企业在政策上或经济上给予支持，提高企业的积极性。

3．经验模式

通过多年产学研紧密合作，聚焦国家战略需求，建成可持续发展的高性能精密钢管研发平台，将研究生培养和科技创新有机结合，既有效培养了研究生的工程研发能力，又提升了企业的创新能力和技术水平。形成的特色与过程经验如下：

（1）构建并优化了实现共同发展的产学研合作机制

针对国家重大战略需求和企业目标，双方每年举行定期或不定期的联席会议，年初会议对照国家战略导向和企业的工作计划，确定本年度的研发重点、研发项目和研发经费投入，同时确定联合培养研究生的人员及培养方案；年终会议总结全年工作，包括合作项目的进展、新产品的研发、研究生的培养等情况；年度中期将研究生培养计划制订、开题和中期工作研讨、项目阶段性研究进展相结合，举行研讨会，讨论项目研发中的技术关键、研究生选题的合理性及论文进展中存在的问题。通过项目的开展与研究生培养方案的有效实施，形成适合双方发展的产学研合作机制。

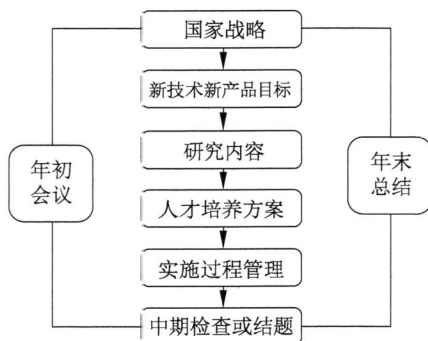

校企合作机制示意图

（2）通过研究生联合培养实现人才综合素质的全面提升

在联合培养过程中，将论文研究工作与国家重大项目相结合，使学生对国家重大战略及其在国际竞争中的重要地位有充分的认识，培养他们在从事技术研发的同时，形成技术、产品、企业、国家战略为一体的战略思维；在具体研发工作中，形成研发重点、研发内容、研发方案、研发目标为一体的完整思路，同时考虑与上下游相关联的创新要素。以超超临界火电机组传热管为例，它是直接连接电力装备"心脏"的"血管"，是关键部件中的核心，决定装备的高参数和高可靠性，这是江苏大学所承担的863重大项目的主要研发内容。通过该项目的实施，既突破了该产品的关键技术瓶颈，实现了我国在高端装备用管材料、制造技术和设备等方面的自主创新，打破了国外的技术和产品封锁，同时也有效培养了研究生的工程技术能力、水平和综合素质。

（3）构建了研究生工程认识、专业知识、实践技能、创新能力的全素质链培养模式

企业导师定期举办技术讲座，讲授行业背景和行业发展前景、当前产品主要应用领域、产品生产设备和工艺，并通过让研究生到企业认识实习，了解产品"原材料—热加工—冷加工—热处理—产品检验"的制造过程，熟悉产品制造的具体生产设备，完成研究生对本领域的工程认识；研究生通过学校导师和企业导师的课堂讲授，结合基地最新研究成果，联系基地的具体实践，使理论知识运用到工程实践中，形成自己的专业知识；根据研究生的选题和研究内容，进一步理解产品生产过程，掌握生产工艺参数，熟练操作相关试验设备和生产设备，提升实践技能；研究生参与国家、省部级项目，结合自己的研究内容，制订试验实施计划，提出研究的关键问题，拟订解决关键问题的方式方法，培养发现问题、解决问题的能力，形成完整的研发思路，最终提高研究生创新能力。在此过程中，根据社会对人才的需求，建设双师队伍，组建研究团队，依托钢管研发平台，针对国家战略需求，突破关键技术壁垒，最终培养出具有工程认识、专业知识、实践技能、创新能力的复合型人才，同时也增强了企业的竞争力。

（4）自主创新能力与自主创新成果并重

围绕国家重大战略需求，通过承担国家、省部级重大项目，经过查新，确定项目实施和人才培养过程中的主要创新环节和创新点，对项目研发内容的先进性和创新性进行前期的科学认证，确保研究成果和研究生学位论文的自主创新性。10年来，研发团队进行查新超过40次，开发了世界首款奥氏体不锈钢

设计软件，通过这种软件开发了具有自主知识产权的新钢种及其制造工艺；针对高性能高精度特殊钢管的生产，如高温气冷堆用螺旋盘管，研发了具有自主知识产权的螺旋盘管成型机和相应的螺旋盘管生产工艺。相关成果申请并授权专利超过 20 件，制定国家标准 5 项、行业标准 1 项，并获得省部级成果奖 3 项。

（5）研究生培养与企业创新研发团队培育并重

通过研发团队的组建和研究生培养的导师合作制，构建了一支产学研合作的研发和导师团队，双方在合作中实现了优势互补、共同提高，在提升研究生知识水平和创新能力的同时，强化了他们的团队意识和合作精神，为他们进入企业后成为创新研发的骨干奠定了坚实的基础，以江苏大学与银环集团联合培养基地为例，基地培养的研究生已有 5 名毕业后加盟该企业。其中，高佩为银环集团技术质量部副部长兼技术中心副主任，刘瑜为技术质量部副部长，是银环集团研发团队的核心骨干。还有研究生毕业后进入长城汽车股份有限公司、博世汽车部件（苏州）有限公司、江苏武进不锈钢管厂集团有限公司、中航工业北京赛福斯特技术有限公司等企业，为相关企业的技术创新提供了人力资源。

4. 取得成效

自 2005 年起，银环集团与江苏大学瞄准国家重大战略需求，充分整合双方优势，以高性能新钢种设计与制备、先进成型技术等为载体，通过工程型研究生的联合培养，将人才培养、团队培育、平台构建、技术突破有机结合，实现了研究生培养质量的有效提高，建立了有效的产学研合作机制，企业技术创新能力得到显著提升，取得了一系列原创性的高水平成果，其产品填补了国内空白，满足了国家重大工程的需求。

自江苏大学与银环集团合作以来，先后成立了市、省级工程技术研究中心和国家技术研究中心分中心；获批江苏省研究生企业工作站和省、国家博士后科研工作站，并荣获江苏省产学研联合培养研究生优秀基地称号；先后联合承担国家 863 项目 2 项、江苏省重大成果转化项目 2 项、江苏省产学研联合创新项目 1 项、江苏省博士后聚集计划和江苏省博士后基金；结合研究生培养，共同研发取得的创新性成果获省部级一、二、三等奖各 1 项，并获中国产学研促进奖和产学研成果奖；联合基地共培养博士后 3 人、博士生 5 人、硕士生 30 余人，目前在站博士后2人、博士生2人、硕士生6人。

通过紧密的产学研合作，银环集团提高了产品质量，研发出填补国内空白的高性能精密钢管。公司已为东方电气、上海电气、哈尔滨电气、中石化、中石油、中广核、大连日立、西安核设备、南方机车、北方机车、钢铁研究总院等国内著名的电力装备、石油化工、轨道交通、军工项目等制造企业配套提供了国家科技重大专项、超（超）临界火电机组、核电机组、石化重大项目、高速列车、航空航天和新型军工装备用关键管材约14万吨。目标产品已应用于岭澳二期和后续运行，以及在建的所有核电站、超（超）临界火电机组350余台套、加氢炼油装置等，产品质量水平达到甚至超过国外著名大公司的产品，如超（超）临界火电高、低加传热管，国内市场占有率已达60%左右，同时项目产品已销往日本、印度、伊朗等国家，火电机组换热管产品在日本国内80%火电站上使用。公司已与中广核、中国核电集团等建立战略合作伙伴关系。产学研合作所形成的成果拥有自主知识产权，形成的产品代替进口，大大降低了国家重大项目的制造成本，缩短了交货期，提高了维修更换效率，提升了服务质量，促进了我国国民经济健康稳定发展，为国家战略安全提供了保障。

中国产学研合作创新成果奖二等奖奖牌

5．特点提炼

高校在与企业的产学研合作中，除了进行技术的联合研发及成果转化外，还要增强协同育人领域的合作建设，通过更加灵活多样的合作模式实现产学研合作中的人才培养。高校科研团队深入企业开展订制化服务，通过科研团队中年轻教师、研究生、博士生等科研人才力量入驻企业，与企业技术人员联合攻克关键技术难题，同时为企业提供管理人才和专业技术骨干培训，并协助企业培养高层次专业技术人才和管理人才，进一步夯实企业在科技创新过程中的人才储备厚度。

与此同时，高校可与企业开展非全日制硕士研究生联合培养，实现企业订制化人才的培养及储备。学校与企业建立校企合作培养平台，让学生在入学之前通过双选，与企业达成初步的就业意向；在研究生培养的过程中建立企业导师和学校导师的双导师培养机制，在学生就业前，让学生深入企业进行校外实习，真正实现针对企业实际需求进行订单式培养，进一步提升研究生培养的综合素质。

二、 江苏大学与江苏罡阳校企研究生工作站人才合作培养案例

1. 案例背景

江苏大学是具有百年办学历史的综合性大学，是国内最早设立车辆工程专业的高校之一。新能源汽车是江苏省的优势学科，拥有混合动力车辆技术国家地方联合工程研究中心、江苏省汽车工程重点实验室、江苏省新能源汽车运行智能化技术工程实验室、江苏省道路载运工具新技术应用重点实验室、江苏省质量技术监督汽车摩托车产品质量检验站、江苏大学车辆产品实验室等科研机构，在传统汽车动态性能及控制、新能源汽车关键技术、车辆底盘及关键零部件新技术等方面具有较强的研发能力。

江苏罡阳转向系统有限公司（以下简称"江苏罡阳"）成立于1991年，是江苏罡阳股份有限公司的全资子公司，主要从事循环球转向器、全液压转向器、电动转向器、转向系统附件的研发和生产经营。罡阳公司是省级高新技术企业、江苏省民营科技企业、江苏省第一批"重点企业研发机构"，是中国汽车工业协会转向系统委员会理事单位。在国内汽车转向器业界，企业的综合实力名列前茅，商用车转向器产销量名列江苏省第一、全国前三；连续8年获"AAA"级银行资信，"罡阳"牌系列转向器是省名牌产品，"罡阳"商标是"中国驰名商标"。

2. 面临的问题

目前，企业在与高校开展项目合作攻关的同时，缺乏对研发人才的联合培养，导致项目技术升级不能延续，围绕项目核心技术的研发出现断层，企业核心技术人才严重短缺，缺乏新鲜的高素质人才进入企业，亟须依托校企合作平台，以产学研项目合作为基础，加强科学研究人才的双向培养，实现企业在科技创新过程中的人才资源聚集。

3. 经验模式

江苏大学与江苏罡阳有着近 10 年的合作关系，双方不断深化高端人才培养、科技平台建设、关键技术及产品研发与科技成果转化等方面的产学研合作，建立了新型校企协同创新及人才培养模式。

（1）协同创新宗旨

以提高中重型商用车行驶安全性、降低转向系统能耗为目标，以江苏大学车辆及相关学科为依托，以江苏罡阳为创新主体，本着互惠共赢的原则，发挥双方的优势，共同组建产学研联合创新团队，紧紧围绕电控液压助力转向系统的共性关键性技术开展攻关研究，并在人才培养、科技项目及平台建设、知识产权保护与科技成果转化等方面精诚合作，共同打造全方位产学研协同创新模式，有力推动行业的技术进步与可持续发展。

（2）协同合作措施

① 联合创新团队：充分发挥学科、科研和人才优势，积极探索推动人才、技术向企业开放、向企业集聚，促进产学研有效互动的长效机制。合作中以江苏大学车辆学科江浩斌教授科研团队为依托，联合机械、电气、计算机等相关学科科研人员，组建了联合战略创新合作团队，围绕高端商用车转向系统的重大需求，积极开展企业关切的关键共性技术前瞻性联合研究，提升核心技术自主创新能力。

② 创新载体与科技平台：产学研合作中，以重大与前瞻性创新项目为载体，着力开展核心技术与新产品研发。一方面，积极跟踪转向系统国内外行业发展趋势与市场需求，共同制订江苏罡阳的发展规划，并开展前瞻性关键技术工作，做好核心技术的储备，为产学研提供创新项目来源；另一方面，密切关注与响应国家、行业及省市科技发展规划，共同联合组织申报与承担国家和地方科研项目，促进企业核心竞争力提升。同时，双方加强各级科技平台建设合

作。近年来，双方共建了江苏省汽车电控液压转向系统工程技术研究中心、泰州市企业重点实验室等产学研创新平台。

③ 高端人才培养：深化双方之间的双向高端人才培养，2015 年公司获批江苏省研究生工作站，联合培养青年教师、博士后、博士及硕士研究生，锻炼与增强了青年科研工作者的实际工程实践能力。多年来，江苏大学为罡阳公司培养了大批科技人才与骨干，通过开办专家讲座和短期进修，全面提高公司的技术骨干的知识与创新素养，努力打造一支具备高质量科研、设计、开发和技术管理能力的复合型技术人才队伍；同时，江苏罡阳每年也会在江苏大学招聘优秀毕业生来充实公司的研发团队。

4．取得成效

江苏大学与江苏罡阳联合开发的智能随速电液阀控型汽车动力转向系统符合江苏省重点发展产业规划（汽车先进零部件），双方于 2015 年联合申报的江苏省汽车电控液压转向系统工程技术研究中心成功获批。该中心围绕电控液压转向、电动助力转向、智能转向联合开展技术攻关，着重解决产业化过程中的技术问题，促进转向行业的技术进步和产品升级换代。为全面加强学校和企业在科学研究、技术开发、人才培养等方面的全方位合作，双方共同建立了省级研究生工作站，引进学校的博士生、硕士生导师针对企业的技术难题组织研究生团队进行合作研究、共同解决企业的技术难题，同时培养学生的工程实践能力。

江苏省汽车电液压转向系统工程技术研究中心挂牌

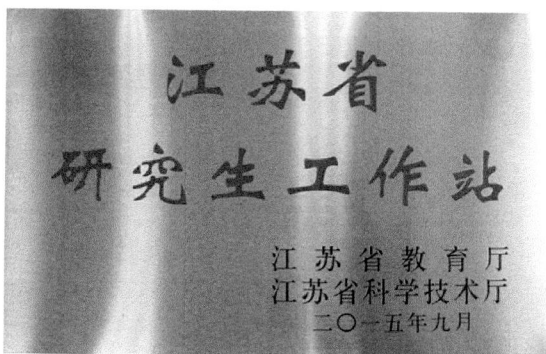

江苏省研究生工作站挂牌

围绕商用车电控转向系统，近年来双方共同承担了国家火炬计划项目、国家自然科学基金项目、江苏省重大科技成果转化、江苏省高校自然科学基金重大项目、泰州市科技成果转化项目等科技项目 5 项，并设立校企产学研联合项目 1 项，科研经费近 1000 万元，通过相关的基础性与应用技术研究，锻炼了人才队伍并取得了系列科研成果。近年来，双方联合完成科技成果鉴定项目 1 项，联合开发新产品 4 个；联合申请专利 10 项；联合发表论文 8 篇，其中 SCI 检索论文 2 篇，EI 检索论文 4 篇。联合科技成果获 2017 年中国液压液力气动密封行业技术进步二等奖 1 项、江苏省科学技术三等奖 1 项与镇江市科学技术进步奖 3 项。项目累计生产新型转向系统产品 145 万台套，累计实现销售收入 22000 万元，缴税 1000 万元，利润 1850 万元。智能随速电液阀控型汽车动力转向产品核心技术填补了国内空白，打破了国外企业的技术垄断，产业化带动了精密机械制造、液压元件、智能传感器、汽车电子、汽车软件等一批相关企业的发展，提升了我国汽车转向系统电控技术水平和国际竞争力。

5. 特点提炼

高校通过与企业共建研究生工作站，进一步加强了产学研协同育人路径。企业研究生工作站的内容主要有两项：一是技术研发。企业将技术需求凝练为相应的研究课题，通过研究生工作站，委托给相关高校的研究生团队，在导师指导下进行技术研发；组织企业自身研发队伍与高校研究生团队合作研发，帮助企业攻克技术难题，提升集成创新、消化吸收再创新能力，不断开发新技术、推广新工艺、推出新产品，提高产品的性能、质量和效益。研究生团队在完成企业研发任务的同时，可在工作站开展前沿性、创新性、理论性相关科研课题研究。二是人才培养培训。研究生工作站所在企业积极为研究生团队提供研究设施和实践指导等条件，营造自由、宽松的学术环境，促进优秀高层次创新人才成长；高校研究生团队可根据需要，为企业提供技术咨询和技术指导，开展技术人员培训等工作。通过研究生工作站的建设，可以为高校及企事业单位培养和储备一支素质与能力兼备、职业道德与发展潜力并重的"工匠型"人才梯队，强化高校的应用型综合人才培养。

三、 江苏大学与大全集团校企研究院产学研合作育人案例

1. 案例背景

围绕国家创新驱动发展战略、《国家技术转移体系建设方案》《促进科技成果转移转化行动方案》，以及江苏省"科技改革 30 条"工作，结合江苏大学"双一流"大学建设及大全集团"创新中心"建设任务，进一步加强高校参与企业技术创新体系建设的力度，推动企业实现更高质量发展，携手共创合作共赢的美好蓝图，本着互惠互利、合作共赢的原则，结合高校学科特色与企业的产业特色，江苏大学与大全集团共同建设"江苏大学大全研究院"（以下简称"研究院"）。研究院围绕双方在智能电气、新能源、轨道交通等领域展开的深入合作，通过产业共性技术研究与成果转化、人才培养等方面的通力合作，推动企业的产业转型升级及高质量发展。

江苏大学大全研究院成立仪式

江苏大学大全研究院揭牌

2. 面临的问题

江苏大学与大全集团具有良好的合作基础，江苏大学几代科研人员均与大全集团保持密切合作，在大全集团早期科技创新进程中起到了重要作用。随着大全集团技术升级的需求不断增强，企业创新转型升级发展的要求也越来越强烈，原来传统的单一教授合作、短期项目成果合作等模式无法保证技术研发工作的延续性及合作的稳定性，需要从个人合作到团队合作、从技术合作到人才合作、从项目合作到平台合作，完成从以成果为载体的技术转移模式到以人才团队为载体的创新技术转移工作模式转化，依托产业研究院等高水平合作平台，开展更高层次、更成体系的产学研合作及人才培养的全方位合作模式。

3. 经验模式

研究院立足技术、产业和市场需求，建立符合市场和人才发展需求的运作模式和管理机制，吸引国内外优秀人才，集聚国内外先进技术，建设以行业共性技术研发、人才培养交流为主要方面的校企合作平台典范。

（1）以科研团队为载体的产学研合作模式

通过构建以人才团队为载体的创新技术转移工作模式，能够为企业的技术进行超前布局及科学研究，并且为企业发展前瞻性地培养所需人才，另外也能促进和推动科研团队单位全面育人，提升人才培养质量，更好地为企业发展注入新活力，实现校企双赢的目标。依托双方共同建立的大全研究院平台，科研团队工作人员通过入驻企业，与企业展开全方位合作。科研团队积极为企业开

第四章 江苏大学科研育人的实践探索

81

展继续教育服务，为企业提供管理人才和专业技术骨干培训，培养企业所需的高层次专业技术人才和管理人才。同时，企业可通过建立研究生实习实践基地、研究生联合培养等方式，参与科研团队的人才培养。科研团队和企业的专家分别担任学校的学业导师和产业教授（兼职），共同指导及培养研究生，参与教学、科研、生产等有关方面的工作。另外，通过"新工科协同培养模式"和"三全育人"工程，为企业提供亟须人才与教育、培训支撑，构建高水平、复合型人才培养平台，从而达到技术转移和人才引进融合的目的，推进高校"三全育人"工作的积极开展。

（2）产学研技术经理人"三诊"服务与人才培养模式

研究院采用专兼结合的技术经理人制度，依托"三诊"工作模式展开，围绕技术开发、人才培养等环节扎实推进，取得了良好的效果。

①"坐诊模式"：研究院根据大全集团发展需求，邀请不同行业、不同领域的专家在研究院会议室进行现场"坐诊"，为企业提供技术难题咨询、发展建议及规划服务，双方在洽谈过程中对项目有立项需求的，可签署正式合同，开展技术研发，同时大全集团技术经理人全程跟踪服务。参与"坐诊"活动的专家可获得一定的"坐诊"酬劳。

②"巡诊模式"：研究院组织江苏大学专家进入大全集团相关子公司，深入企业生产一线，寻找、发现企业生产经营中存在的问题（包含技术及项目管理等）。每次"巡诊"后在研究院会议室与企业总经理进行"巡诊"总结，对专家发现的问题进行汇总、整理、提炼，供企业参考。每个专家在会上提出的针对企业生产经营的技术及管理问题，由技术经理人记录。企业按照专家"巡诊"的问题支付专家费用。如所发现的问题经企业仔细考虑后采纳立项，则对提出该问题的专家追加额外专家费，签订技术合同。

③"会诊模式"：针对大全集团企业生产管理中遇到的复杂问题或前沿尖端技术需求，大全集团可通过研究院组织校内外相关领域专家进行技术"会诊"，整合多方的高端智力资源对生产运营中的技术及管理难题进行会诊，提出专家建议，大全集团技术经理人负责汇总整理。研究院支付专家一定的"会诊"费用。

科研团队在企业服务期间，技术转移工作人员负责全程监督科研团队的工作状况，同时对双方的需求意见及时反馈，负责对技术服务合同拟订、成果知识产权归属、成果转化收益分成等内容进行沟通协调，保障技术转移运营模式专业化、高效化运行。通过技术经理人模式进行的产学研合作，对学校的人才培养做出了积极贡献。

① 技术转移人才培养：技术经理人事务所围绕科技成果转化对"培育—评估—市场—转化"的需求，根据科技成果转化全链条对人才的需求，从科技成果评估、科技成果渠道拓展、技术成果转化落地、高价值专利培育等方面搭建人才队伍，着重建设一支有特色、专业化的技术转移经理人队伍。

② 科技开发人才培养：通过技术经理人促成的校企合作，增加了学校老师的校企合作机会，锻炼了科研团队成员的社会服务能力和服务意识，间接引导学校团队的研究成果更加符合企业需求。

目前，以科研团队为基础的技术转移运营模式，能够有效督促科研团队与企业之间展开技术合作，避免了各种技术转移外拓平台管理的松散性、盲目性，以及野蛮生长等特点，通过科研团队长期入驻企业、技术转移工作人员全程监督等方式，全程监督科研团队的工作状况，同时负责双方的服务合同拟订、成果知识产权归属、成果转化收益分成等内容，及时对双方的需求进行反馈、沟通、协调，保障技术转移运营模式专业化、高效化运行。

4. 取得成效

研究院建成运营以来，依托技术经理人"三诊"服务模式，申报"江苏省研究生工作站"2个，联合申报省重点研发项目1项，开展技术对接20余次，签订技术合同12项，申报扬中"江雁人才计划"，搭建"江苏大学大全培训讲堂"。应大全集团技术需求，研究院为企业提供技能、科技、管理等方面的培训，同时，结合大全集团的海外产品的项目研发需求，与江苏大学海外教育学院、"一带一路"国际人才学院等部门共同举办企业国际产品调研活动，邀请海外留学生积极参与产品调研活动，为大全集团相关产品开拓海外市场提供数据服务支撑。号召海外留学生积极参与大全研究院相关项目的研发，让"一带一路"沿线国家的留学生与大全集团进行紧密合作，使他们充分了解集团的产品品质、熟悉集团的海外业务，将人才培养和技术合作、国际技术转移与成果转化相结合，实现产学研工作融入海外留学生培养的有益探索和尝试，为校企国际合作及海外留学生的培养做出了积极贡献。

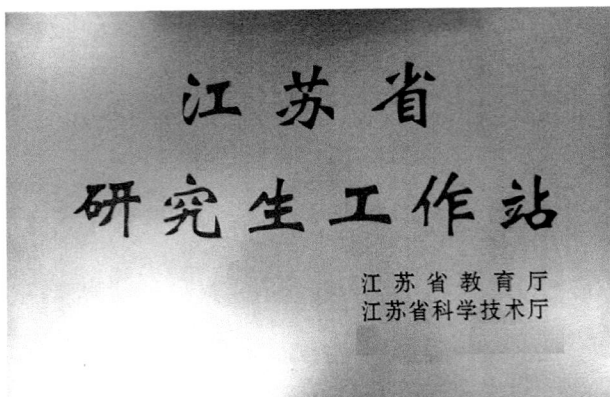

江苏大学与大全集团合作成立研究生工作站

江苏大学教授为大全集团提供技能培训

5. 特点提炼

在高校与企业的产学研合作过程中，依托产业研究院等合作平台，通过技术经理人"三诊"服务模式，通过技术经理人的中介桥梁作用，为企业在科技创新过程中提供科技及人才培养服务。企业在现有运营基础上，通过聘请技术转移工作团队，对企业的技术需求进行全面梳理及跟进，组织高校专家团队与企业进行合作对接，并保持跟踪、对接及反馈，第一时间帮助企业根治技术改造、升级转型中的"病灶"。技术经理人在专家团队与企业的技术服务过程中，串联起从科研团队研发到成果推广、产品融资等技术转移转化的全链条环节，实时监督科研团队的工作状况，同时负责双方的服务合同拟订、成果知识产权归属、成果转化收益分成等工作内容，及时对科研团队与企业双方的需求信息进行反馈、沟通及协调，保障企业与科研团队的专业化及高效化合作，将产学研合作贯穿人才教育与培养的全过程，实现全员育人、全程育人、全方位育人，努力开创产学研合作育人新局面。

第七节　地方高校理工科研究生"四位一体"科研思政育人典型案例

党的十八大报告指出，把立德树人作为教育的根本任务。习近平总书记在与北京大学师生座谈会中强调，把立德树人的成效作为检验学校一切工作的根本标准。研究生是提高国家创新力和国际竞争力的有力支撑，是建设人才强国和人力资源强国的坚强保证，如何在新形势下提高这一重要群体的立德树人成效，将是研究生教育改革急需思考和探索的难题。

当前地方高校（以江苏大学为例）理工科研究生培养过程中，部分研究生理想信念淡化、科研基础薄弱、人文素养缺乏。究其原因，研究生培养目标和方式上存在"四重四轻"现象，即重科研教育，轻思想教育；重书本教育，轻实践教育；重继承教育，轻创新教育；重专业教育，轻人文教育。要破除这一现象，需要导师团队坚持问题导向，按照严把思想关、学术关和人文关的总体要求，积极探索与之匹配的研究生培养模式。

在江苏大学顶层设计、研究生院科学部署、绿色化学与化工技术创新试点、理工科学院复制推广下，经过十余年的探索与总结，江苏大学形成"四位一体"科研思政研究生育人模式，并取得了令人振奋的实践成效。该模式的成功推广得益于强化了以生为本和立德树人两个理念，坚持了目标培养、过程管理、人文教育和思政工作一体化科研思政举措。

1. 强化以生为本和立德树人教育理念，落实教育根本任务

高校肩负着培养国家高层次创新人才的使命和职责，必须坚持学习贯彻党的教育方针，升华"以生为本"的教育理念，始终将其贯彻于研究生教育全过程，明确培养全面发展的人永远是根本任务。把研究生教育看成学校生存之本，把促进研究生发展看成学校乃至团队发展之源，做到、做好4个方面工作，即以研究生为中心因材施教，尊重研究生成人成才规律，全面发展与个性发展统一，现时和未来发展可持续性。

坚守教育初心，落实立德树人根本任务，学校是学生灵魂的"4S"店，医者医身，师者医心。导师是灵魂工程师，除了"导科研"，更要"导思想""导生活""导人生"。江苏大学校训是"博学、求是、明德"，导师应始终秉承和践行立德树人理念，致力于培养德才兼备的优秀人才。

2. 坚持"四位一体"科研思政育人模式，培养全面发展的人才

教育是一项全面系统的工程，具有复杂性、创造性、示范性、长期性等特点，这预示着育人需要全员参与、全程贯穿、全方位实施，唯有通过系统科学和系统工程体系化方法论，从教育哲学的高度全面深刻把握培养人的价值，方能把平凡的职业升华为崇高的事业。

"四位一体"科研思政研究生培养模式

"四位一体"科研思政研究生育人模式的基本内涵是以国家需求为导向，顶层设计研究生培养核心要素，坚持"以生为本"育人理念，以目标培养和过程管理为主线，人文教育和思政工作为两翼，始终将理想信念引领贯穿于研究生教育全过程，让科研与思政同向而行，协同共进，实现全员、全程、全方位育人，培养有远大理想、有创新本领、有人文修养和有责任担当的"四有"研究生人才，落实立德树人根本任务。

（1）贯通融合双制度和双策略，助力目标培养，树立远大理想

目标培养是造就"四有"研究生人才的首要环节。秉承"授人以鱼不如授人以渔"的教育理念，本模式所倡导的目标培养不仅仅是传统意义上的目标培养，重点在于启迪培养研究生自主科学设立目标的意识和能力。针对研究生毕业出口往往在高校、科研院所或企业中从事研发或管理工作这一特点，比照国家和社会设置相应岗位所需基本能力和职业素养，贯通融合双制度和双策略，多方协同顶层设计研究生培养目标。

建立导向谈话制度。从历史、现时和未来的时间维度，从理想、现实和哲

学层次，认识个人、社会与国家的辩证关系，以问题为导向探讨人生的意义和价值何在，通过朋辈平等的情景交融式谈心交流，引导研究生提升内生的学习动力，培养其自主、科学设立目标的意识和能力，引导研究生树立三层次目标：① 人生大目标，即将研究生的人生价值、人生梦与"中国梦"有机结合。树立家国情怀、远大理想，以及为人类科学事业、国家经济和社会事业发展做出杰出贡献的目标，方能具备内在的持久动力。② 生活小目标，即安家立业。培养研究生树立正确的择业观、就业观和创业观，用奋斗赢得美好生活，提升获得感、幸福感和安全感。③ 学习生涯现时目标。在学习生涯中，努力打造精湛的业务能力、高尚的思想品德、丰富的人文修养和强烈的社会责任感，为将来适应工作、创造美好生活和书写美好未来打下坚实基础。同时，帮助研究生厘清三层次目标的相互关系，明确自身定位，在导师的协助下制订出合理科学的人生规划。

建立分类指导制度。以博士生、学术型硕士和专业型硕士为分类，以不同学期或年级时间轴为分层，协同研究生院、学院、团队和导师建立网格化分类分层目标体系，虽然不同类型的研究生的培养导向存在差异，但殊途同归，其立足点均在于培养研究生具备独立自主创新的本领，掌握解决问题的一般规律和方法，从方法到方法论再到实践创新，将能力迁移融通到未来的学习工作和生活之中，同时以坚定的理想信念、深厚的人文修养和服务社会与国家的责任担当为共性目标。目标网格化有利于不同类型、不同年级的研究生在体系中准确定位阶段性目标，以便于分类培养、协同管理、有效指导和分层推进。

构建私人定制策略。依据分类指导原则，团队导师根据科技前沿发展动态，着眼于国民经济需求，以解决关键科学或技术问题为目标导向，依据团队现有条件和师生知识结构，师生共同协商量体裁衣式定制科研课题。尤其是针对交叉学科课题，实施"导师群"联合指导方式，不但尊重研究生个人的意愿，遵循研究生培养的特点和规律，因人施教，而且契合研究生的兴趣爱好和专业背景，能最大限度地激发研究生的参与性、积极性和主动性。

构建即时调整策略。当前研究生培养过程中通常是简单地、硬性地、粗放地为研究生设立目标，疏于精耕细作，因此容易出现真空地带或盲区，导致目标培养过程中出现"断路"，甚至"短路"现象。针对此问题，我们提出以硕士生、博士生、导师、辅导员、管理员为点位，基于布点采样方法，联动观察、分析研究生阶段性培养质量，建立实时监控与反馈系统，综合前时段和现时段的目标达成度，在全过程中师生互动，持续地、动态地即时调整下一个阶段性目标，打造时态变化式调控模式，层层推进，步步深化，落实培养目标，以适应全面发展的需要。

通过时间、空间和人员上交错贯通、协同融合双制度和双策略，多维度多层次助力目标培养，引导研究生树立远大理想，当好研究生成人成才的领航人。

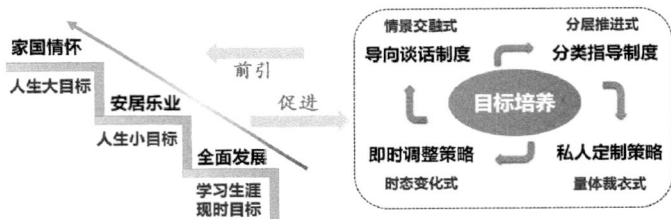

当好研究生成人成才的领航人，助力研究生树立远大理想

（2）协同齐抓共管兴好学之风，助推过程管理，提升创新本领

系统全面的过程管理是研究生培养的关键环节。学校从管理队伍建设、科研素质培养、学术氛围营造三个方面狠抓过程管理，助力研究生成长成才。

夯实管理队伍建设，为研究生成长成才保驾护航。学校构建了"校—院—课题组"的三纵管理结构和"课题组长顶层设计—青年教师管理—博士具体落实—硕士参与"的四横管理梯队，形成自上而下、立体发散式的全员育人体系。课题组长顶层设计研究生培养理念，规划科研方向，把握研究生培养进程，动态调整研究生科研任务，通过经验交流、主题报告、专题辅导、贴心谈话等多样化方式，加强对导师尤其是新导师的教育，增强导师育人意识和育人本领；青年教师落实分化定位到每位研究生，及时掌握研究生的科研和思想动态，发现问题，迅速反馈解决；让博士和硕士研究生积极参与团队日常和科研管理，形成自我管理机制；通过博士生、硕士生积极参与"传帮带"的科研指导，形成自主学习机制。

抓实科研素质训练，为研究生成长成才奠定基础。学校完善了"科研训练—考核制度—监控反馈"的闭环培养模式，全方位培养研究生的独立科研能力。在不同的培养阶段，铺设相应的锻炼环节，倡导启发式科研思维，抓好研究生选题和开题工作，培养研究生掌握科学的科研训练方法和一般规律，帮助学生养成惜时的习惯和严谨的科研态度，着力培养学生的独立学习能力、发现问题能力、分析问题能力、解决问题能力、归纳总结能力、创新实践能力。铺设必要的辅助训练，千方百计为学生创造参与锻炼的机会，如基金撰写、论文写作、专利申请、中期汇报、结题报奖等，给学生设置"实战"的战场，让研究生在发现问题、分析问题和解决问题的过程中领悟方法，努力提升其创新意识和创新能力。

强化学术氛围营造，为研究生成长成才提供保障。我们始终要求导师深入科研和教育一线，营造"教师以身作则、博士树立榜样、硕士比学赶超"的学习和科研氛围。坚持教师与学生互作共室制度，并与研究生群体相互协作，掌握学生的所思所想所为，陪伴学生共同成长和进步；培养研究生主动学习理念和争创一流的意识；营造比学赶帮超的学术氛围，引导研究生广泛交流沟通、互助协作创新，增强团队精神。

通过全员协同参与研究生培养过程、全方位强化科研素质训练、全过程营造比学赶帮超的学术氛围，当好研究生独立科研的护航员，助推研究生提升创新本领。

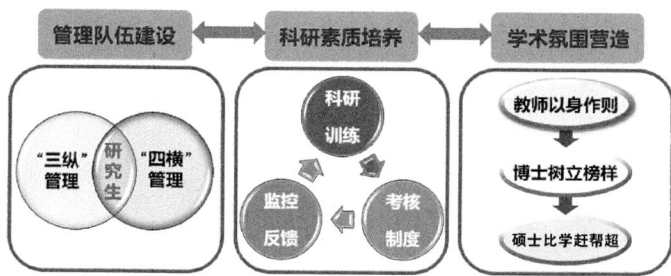

当好研究生独立科研的护航员，助推研究生提升创新本领

（3）多级联动，以文化人展情怀，推进人文教育，追求高远境界

习近平总书记在党的十九大报告中指出："文化是一个国家、一个民族的灵魂。文化兴国运兴，文化强民族强。没有高度的文化自信，没有文化的繁荣兴盛，就没有中华民族伟大复兴。"研究生教育不仅仅是学术化的专业教育，更重要的是为国家和社会发展培育具有科学精神和健全人格的精英人才。针对地方理工科高校在研究生培养过程中普遍存在"重专业教育，轻人文教育"的现象，江苏大学高度重视人文素养提升对立德树人的作用，探索"学校—学院

—团队—导师"的多级联动机制，加强理工科研究生人文教育，沉淀文化自信沃土，塑造文化秩序与培养文明高度；当好研究生素质提升的点金手，引领研究生追求高远境界，造就全面发展的高素质人才。

平台搭建，学校提供坚实保障。中科院院士杨叔子指出："没有人文的科学是残缺的科学，而没有科学的人文是残缺的人文。"加强研究生人文教育，就是要通过强化研究生文学、历史、哲学、艺术等人文社会科学方面的教育，提高研究生的文化品位、审美情趣和科学素养。江苏大学牢固树立科学人文主义教育理念，注重在专业技能教学中渗透人文教育、搭建多渠道的育人平台，如积极开展马克思主义经典普及、礼敬中华优秀传统文化、高雅艺术进校园、廉洁文化进校园等活动，邀请社科理论名家、传统文化名家等进校园、进课堂，精心打造"人文大讲堂""五棵松讲坛""教授大讲堂"等校园文化品牌，组织开展各类学术科技竞赛、文艺体育比赛等丰富多彩、积极向上的校园文化活动，为人文教育提供坚实保障。

实践落实，学院升华育人模式。现代科学发展的一个突出特点是文理交叉、自然学科与社会学科相互渗透，研究生教育不仅要使学生成长为某个学科领域的专门人才，而且要使学生成长为一个具有战略眼光和广泛适应性、更富有创新精神的高素质人才。为落实学校提升研究生人文素养和科学素质的要求，各学院结合专业特征组织各类创新实践和素质拓展活动，学习科学家求真精神、发明家工匠精神、企业家奋斗精神，加强理工科研究生人文教育的思考与实践。

协同推进，团队打造合作精神。一个全面发展的研究生，应该具有明确的团队合作意识。一个团队合作意识强的研究生群体，必定有助于建立健康、积极向上的研究生团队文化，聚合团队力量，完成一己之力无法完成的科学事业。模式下构建的研究生导师团队在进行科研项目和科研训练中鼓励学生协作，开展合作研究，定期召开学术讨论会，鼓励他们交流，寻找合作的契机。通过知识融合、团队文化熏陶，打造团队合作精神，使研究生的精神文化内化为相对稳定的内在品格，使人和谐发展，整体素质得以提高，自我得以完善。

身体力行，导师强化自律意识。研究生与导师的关系是基于学术目标自愿组成的学术共同体，培养模式由班级授课、共性培养转化为个性化教育、精细化培养。研究生与导师之间的接触交流更为频繁和密切，他们之间的关系不仅是一种学术指导关系，也是一种紧密的人际关系。这种关系决定了导师在培养研究生科学精神和人文素质养成的过程中，具有更强的针对性和影响力，对他们人文精神的形成具有重要的作用与地位。"桃李不言，下自成蹊"，学生可能会不自觉地效仿导师的行为。因此，团队的导师尤其是青年教师要夯实自己的人文知识，用人格魅力、学识修养和举止谈吐潜移默化地影响和感染学生，严格要求自己的一言一行，不断培养和完善自己的人格魅力，从而以高尚的品格和深厚的人文素养影响研究生，达到潜移默化的教育效果。

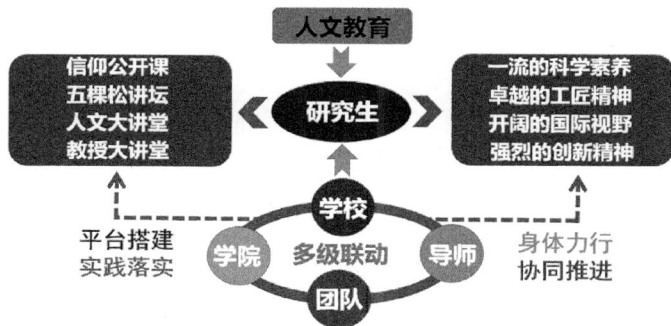

当好研究生素质提升的点金手，引领研究生追求高远境界

多级联动开展研究生人文教育，当好研究生素质提升的点金手，对于培养具有坚定理想信念、高尚道德情操、高度社会责任感、强烈创新精神、精深专业素养和开阔国际视野的高层次专门人才有着重要的现实意义。

（4）多维度导学做促知行合一，推动思政工作，强化理想信念

思政工作是落实立德树人根本任务的核心，也是每个人的人生"必修课"，直接关乎培养研究生全面发展的成败。在研究生指导过程中，首先要求导师坚守立德树人初心、争做为学为人表率、提高育人育才本领，引导研究生"扣好人生第一粒扣子"，逐步培养出思想积极、行为自律、习惯良好的优秀研究生，解决好培养什么人、怎样培养人、为谁培养人的根本问题。

① 全面落实导师第一责任人要求。医院是身体"4S"店，学校是灵魂的"4S"店。医者医身，师者医心。医生是调理身体的工程师，导师就是启迪灵魂的工程师。类似中医的辨证施治代替西医的形而上学疗法，导师用"望闻问

切"的方法为学生思想把脉，望学生之言行举止、闻学生之谈吐心声、问学生之关注所在、切学生之成长困难，让思政工作更有温度、更入人心。作为研究生培养的第一责任人，导师肩负着研究生思想政治教育的首要责任，要勤修为师之德，修道以教，不可须臾离也，要做学生的良师益友，用德行教化学生，用品行滋养学生，用高尚的人格感召学生，促进学生自尊自爱自强的优良品质的形成，做好传道授业解惑的为师之功。

② 积极构筑多元化育人新格局。健全导师与其他工作主体的一体化育人机制，进一步完善研究生的教育管理服务、思想政治引领，实现共同育人、合力育人新格局。在价值协同上，坚持人才培养第一要义，聚焦研究生立德树人和成长成才，明晰研究生思政教育的价值指向性。在主体协同上，一要构建导师与辅导员统筹协调的育人机制，通过经验交流会、工作座谈会等传统沟通模式，为导师与辅导员搭建适时交流、互通有无、相互促进的工作平台，实时传递研究生思想动态；二要加强导师与职能部门、与学生家庭、与专业领域、与合作企业的协同，夯实思政工作的基础。在政策协同上，坚持问题导向，厘清研究生培养的症结点，从学业、生活和科研三个方面提供政策保障，努力解决研究生的实际困难和思想负担。

③ 有效发挥基层党团组织堡垒作用。传统的党团工作模式以专业或班级为基本单元建立相应的组织，但对于研究生群体而言，其学习、生活和科研多以课题组为基础。因此，自 2012 年起，学校逐步打破班级和专业的党团工作模式，转向以研究生课题组为单位，建立研究生党支部和研究生团支部。研究生党支部书记由课题组青年教师担任，研究生团支部书记由入党积极分子担任，这切实促进了团队党建、思政工作和科研工作三者的深度融合，能够始终保持党团支部的稳定性、传承性、互补性和融合性。研究生党支部推行"党员示范行动计划"，要求每位党员必须做到"三个示范"，即阅读经典著作示范、科研业绩示范、"传帮带"示范，旨在增强学生党员以实际行动引领服务学生的使命感，发挥先锋模范作用。同时，积极组织教职工党支部与学生党支部、学生团支部的联动，通过互帮互助，形成教师与学生之间的工作互动与资源共享，不断促进师生党支部建设水平的共同提高。

④ 努力拓宽思想政治教育工作渠道。思政工作必须与时俱进，时刻与社会变化同步，与技术发展同步。通过微信公众号、新浪微博、"学习强国"学习

平台等新媒体工具，转发前沿科技动态、最新研究成果、英文论文写作技巧，以及研究生喜欢看、爱转发、乐点赞的弘扬社会主义核心价值观的鲜活故事，譬如中国共产党艰苦奋斗史、教育的本质、院士的成长之路、时代楷模的先进事迹等励志教育素材，对接学生科研和思想需求，学生可以方便地了解到更为广泛的科研、思政、人文等重要信息。同时，自主打造网络媒体，强化理想信念、树立青年典型、传播积极能量，在研究生群体中宣扬看得见摸得着的先锋模范人物事迹，起到"润物无声、春风化雨"的思想教育作用。

在思政工作中，理想信念教育是核心内容，是落实立德树人的关键，直接影响着研究生的价值观念形成、健康人格塑造和人才培养质量。注重以社会主义核心价值观为引领，把理想信念教育覆盖到每个研究生，强化理想信念铸魂。坚持以生为本育人理念，充分调动研究生的主观能动性，通过教育、管理、引导，促进研究生行为自律，加强研究生习惯养成，服务研究生未来发展。坚守师德师风是教师队伍素质的第一标准，把立德树人的成效作为一切工作的根本标准，着力培养德智体美全面发展的社会主义建设者和接班人。

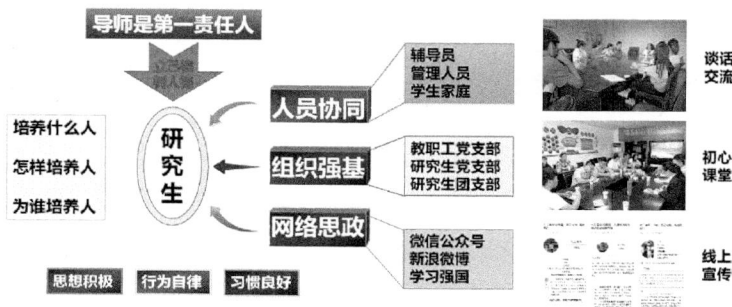

当好研究生精神灵魂的守望者，引导研究生强化理想信念

3. 人才培养成效显著

"科研思政"培养理念强化了研究生的理想信念、科研本领、人文修养和担当意识，拓宽了"立德树人"实施路径，人才培养成效凸显。

研究生发表 ESI 高被引论文 89 篇，其中毕业博士生均发表 6 篇以上，毕业硕士生均发表 3 篇以上，JCR 高质量 SCI 论文 650 余篇，授权发明专利 500 余项，获江苏省优秀博士论文 6 篇、省优秀硕士论文 19 篇；获国家级、省级创新类竞赛奖 10 余项；获省/校研究生先进个人超 100 人次。

　　研究生作为科研主力军助推化学学科进入 ESI 排名全球前 1％，化工学科进入软科世界大学学术排名全国第 21 位。研究生高质量培养推动导学相长，拥有国家优秀青年学者 3 人、青年长江学者 1 人，涌现出国家、省部级人才称号分别为 5 人次和 20 人次，入选 Elsevier 中国高被引学者 2 人（连续五届）。自主培养的硕博研究生占研究生总人数的比例分别达 50％ 和 65.75％。培养的研究生晋升教授 12 名和博导 10 名。

闫教授在国家教育行政学院交流经验

闫教授在江苏科技大学、河南城建学院、北华大学、江苏师范大学做专题报告

"三全育人"综合改革推进会、导师培训会、学科大会、入学教育上讲授团队育人理念

原中国高等教育学会理事会瞿振元会长来校调研

昆明理工大学教授团队来校交流

贵州大学教授团队来校交流

传播育人理念　探讨育人问题

　　"四位一体"科研思政研究生培养模式在学校其他理工科学院、北华大学、吉林师范大学研究生培养工作中广泛推广，年受益研究生多达 4800 余人。研究生培养理念在国家教育行政学院、江苏师范大学、江苏科技大学、北华大学、吉林师范大学、河南城建学院等省内外院校推广应用。《中国教育报》《中国青年报》《中国科学报》《新华日报》等对"四位一体"研究生教育模式进行相关报道。此外，"学习强国"学习平台、"最美教育人"和"江苏教育发布"微信公众号亦对教改成果进行多次报道。团队及成员获镇江市"十佳教师"，成为国家教育行政学院特聘专家，获江苏省研究生教育改革成果二等奖、江苏省首届"十佳研究生导师团队"提名奖、江苏大学"三全育人"综合改革示范研究生导师团队、第四届"感动江大"团队等荣誉。

第八节　江苏大学科研精神传承事例

一、校党委书记袁寿其在"辉煌一课"上的讲话

老师们、同学们：

大家下午好！

很高兴与大家一起参加 2019 年"辉煌一课"活动。首先，我谨代表校党委、行政向今天"辉煌一课"的主讲嘉宾关醒凡教授致以崇高的敬意，并借此机会向辛勤耕耘在教学、科研一线的全校广大教师致以诚挚的慰问和衷心的感谢！

"令公桃李满天下，何用堂前更种花。"长期以来，在我校活跃着一批德高学深、行为世范的老教授、老专家。这些老教授、老专家是推动学校事业发展的宝贵财富和重要力量。开展"辉煌一课"活动，把德高望重的老教授重新请上讲台传授治学为师之道，是我校营造尊师重教校园文化、培育良好师德师风、传承和发扬江大精神的重要实践创新。活动自 2016 年举办以来已经走过了 4 个年头，很好地发挥了展示名师风范、引导激励后学的示范引领作用，在校园和社会中产生了广泛的影响。

本次"辉煌一课"的特邀名师——我校退休教师，原流体机械研究所所长、博士生导师关醒凡教授，是我校坚持科研为国、把论文写在中国大地上的杰出教师代表。关教授一生与泵结缘，长期从事有关泵方面的教学和科研工作。他大部分科研成果都转化为了现实生产力，并广泛运用在南水北调、引深入津、太湖治理等国家重大工程中。他的设计理论应用在全国约 1/2 的轴流泵和 2/3 的无堵塞泵。特别是南水北调东线工程所用的 21 个水力模型中，有 14 个模型是关教授设计的，占 70%。他培养的博士、硕士研究生和本科生、专业技术人员几乎遍及全国泵厂。他的专著《泵的理论与设计》《现代泵技术手册》成为目前全国泵行业主要科技参考书，泵行业技术人员几乎人手一册。因其突出的贡献，关教授先后获评全国优秀教师、机电部有突出贡献的专家、享受国务院政府津贴专家，以及江苏省优秀学科带头人。今年获"庆祝中华人民共和国成立 70 周年"纪念章。关教授退休以后仍坚守科研一线，著书立说，

泵站改造，推广技术，不为个人名利。在关教授身上，我们看到了老一辈教师立德树人的初心、扎根教育的决心，以及追求一流学问的信心和恒心。通过今天的"辉煌一课"，我希望广大青年教师能够虚心学习老一代江大人的优秀品质，努力做到以下三点：

一是不忘初心，牢记立德树人之使命。习近平总书记指出，高校立身之本在于立德树人，只有培养出一流人才的高校，才能够成为世界一流大学。办好我国高校，办出世界一流大学，必须牢牢抓住全面提高人才培养能力这个核心点，并以此来带动高校其他工作。因此，希望广大教师牢记"立德树人"初心使命，坚持教学和育人相统一，坚持言传和身教相统一，坚持潜心问道和关注社会相统一，坚持学术自由和学术规范相统一，不断提高自身思想政治素养，自觉融入学校"三全育人"工作当中，以家国情怀、高尚道德、师者大爱守护学生成长成才，讲好每堂课，带好每位学生，真正成为塑造学生品格、品行、品味的"大先生"。

二是不断创新，持续提升教书育人"看家本领"。高校教师，老师是第一身份、教书是第一工作、上课是第一责任。当今社会，新科技迭代速度加快，知识更新的周期不断缩短，我们的教学要赶上知识更新的步伐，要坚持学术创新和终身学习，不断更新知识内容、拓宽知识结构、完善知识体系，不断提升教学质量。与此同时，我们的老师要时刻关注高等教育的发展动态，进一步把握教学和育人规律，积极投身新工科、新农科、新医科、新文科等教育教学改革与实践，推进课程体系、教学内容和教学方法的创新与改革。要不断更新教育教学观念，善于将信息化技术与教育教学深度融合，主动运用大数据、人工智能等现代技术创新教育教学新模式，提升创新型人才培养能力与培养水平。

三是潜心科研，努力研究和成就"一等学问"。我们学校要创建"双一流"，建设高水平有特色国际化研究型大学，离不开一批勇于攀登科学高峰、具有较强科研创新能力的高水平教师。我们要培养具有较强创新意识和创新能力的创新型人才，必然要求我们的教师首先要富有创新激情、拥有一流学术创新能力和丰硕的创新成果。大家作为学校创建"双一流"的主体和教书育人的中坚力量，都要认真学习关醒凡教授科研报国、把论文写在中国大地上的博大情怀，要勇于跟踪前沿、追求一流，要善于在经济社会发展的时代洪流中发现问题、解决问题，要涵养十年磨一剑的求真精神和甘坐冷板凳的学术定力，努力研究和成就一等之学问，为服务国家战略和推动地方经济社会发展做出积极贡献。

老师们、同学们，一个人遇到好老师是人生的幸运，一个学校拥有好老师是学校的光荣。在中华人民共和国成立 70 周年之际，让我们进一步营造尊重知识、尊重教育、尊重人才的良好氛围，营造广大教师安心从教、热心从教、舒心从教、静心从教的校园环境，推动一批又一批好老师不断涌现。希望"辉煌一课"活动越办越好，不断扩大影响，将其打造成为我校师德师风建设的亮丽名片。

最后，衷心祝愿关醒凡教授身体健康、生活愉快，祝各位老师和同学们工作顺利、学有所成！

谢谢大家！

二、 关醒凡教授事例

1. 关醒凡教授简介

关醒凡，辽宁省阜新市人，1937 年 5 月生，中共党员，江苏大学流体机械及工程学科教授，博士生导师。1962 年毕业于哈尔滨工业大学动力机械系水力机械专业。毕业后留校任教，并随专业先后迁至东北重型机械学院、甘肃工业大学，从事水力机械教学和科研工作。1986 年调至江苏工学院。曾任流体机械研究所所长、全国高等学校动力机械及工程类专业教学指导委员会副主任、流体机械及工程专业教学指导小组组长、中国农机学会理事等职。关醒凡教授长期在第一线从事有关泵方面的教学和试验研究工作。其研究成果大部分已转化为生产力，如有的模型已成功地用于引滦入津、东深供水、南水北调、太湖望虞河等许多大型水利工程及电厂和污水处理工程。在无堵塞泵和泵水力模型方面进行长期的研究，提出的旋流泵、单（双）流道泵、螺旋离心泵设计和绘型方法在国内广泛应用；在国内首次研究成功高比转速斜流泵模型。

2. 关醒凡教授采访稿①

主持人：关老师这一辈子与泵结下了不解情缘，请您谈谈这方面的情况。

关老师：近 60 年我都在第一线从事专业工作，可以说是一辈子研究泵，一天都舍不得离开它。我觉得"报效祖国"不是一句空洞的口号，在所学的专业内做出成绩就是对国家最好的回报。我热爱所学的专业，与泵的感情甚笃。

90 岁高龄的袁隆平院士还下稻田试验，96 岁的吴孟超大师还上手术台，我们要学习他们的敬业精神，要生命不息，与泵的情缘不止。

主持人：关老师参与了流体机械学科博士点建设并出任首届博士生导师，请谈谈这方面的情况。

关老师：1986 年，我校建成全国第一个流体机械学科博士点。我出任第一个博士生导师，任学科带头人。学科博士点的获得是大家共同努力的结果，我主持研究的无堵塞泵获国家科技进步三等奖和国家教委一等奖，出版的专著《现代泵技术手册》也发挥了一定的作用。学校获得学科博士点后我共培养了 9 名博士。这些人在攻读博士期间大部分承担了无堵塞泵流场测试、数值分析工作，初步弄清了泵内的流动规路，为总结出无堵塞泵设计方法创造了有利条件。他们毕业后都成了不同岗位的栋梁之材。

主持人：听说无堵塞泵获得了国家级科技进步奖。

关老师：无堵塞泵原来我们没有见过，是 20 世纪 80 年代从国外引进的。看到无阻塞泵后有些丈二和尚摸不着头脑，为此流体所集全所之力进行研究，申报部基金课题。当时研究生也都进行这方面的研究，如陈红勋博士测试了旋流泵叶轮内部流场，郭乃龙博士进行了螺旋离心泵内部流场显示和分析，刘厚林博士做了单双流道泵数值分析。他们为企业开发多个无堵塞泵的设计过程和试验结果，总结出旋流泵、单双流道泵、螺旋离心泵的设计方法，并发表在新出版的《泵设计手册》中。这些方法填补了国内空白，受到一致好评，得到广泛应用。

无堵塞泵是流体所的重点任务，完成了部基金项目，开发了许多新产品。由于在无堵塞泵方面做了一些开放性的研究并取得实际效果，因此流体所共获

---

① 根据"辉煌一课"采访稿整理，有删改。

得国家科技进步奖二、三等奖各一项，省部级科技进步二等奖五项。

主持人：轴流泵和混流泵模型在南水北调中得到了广泛应用。请您具体讲讲这方面的情况。

关老师：南水北调工程约30座泵站中有8座泵站选用国外产品（模型），选用的国内产品中除2座泵站外，其余全部用的是我校的模型。另外，在引江济淮工程、东北三江连通工程、引嫩工程、引滦入津工程、黄水东调工程、江水北调工程等约200座大型泵站中也应用了我校的模型。离我们最近的是正在建设中的瓜州泵站，往前有江都四站、刘老涧二站、皂河二站、台儿庄站、万年闸站。使用我校模型的大型泵站几乎遍布全国。

（1）模型研究过程

南水北调初期我接受了《通用机械》杂志的专访。我说：能为南水北调工程做点力所能及的工作是我有生以来的最大愿望。梦寐以求的时机到了，我们也就不遗余力，全力以赴。

研制一个模型，要分析计算、设计画图、制作叶片、组装成泵、初试改进，是一个复杂的系统工程。我们在有限的时间内完成20个模型，并获得成功。

沈总说：你们研究模型像变戏法。岂不知我们十年如一日，不分周末假日，经常挑灯夜战。初试时出了问题又想不出原因，有时急得欲哭无泪、欲睡难眠。我要感谢和我一起战斗的试验室卞国祥师傅，他经常进到容器内焊接，打磨叶片时铜屑溅满全身。在天津时试验出现问题，他急得寝食不安，这种敬业精神令人敬佩。卞师傅对工作的精益求精，充分体现了大国工匠精神。

（2）天津模型同台测试

研究模型的人很多，有一次金书记让我们在我校召开的会议上（有水利部调水局高总等参加）大力宣传、同台测试。为此，江苏省水利厅两任总工上书水利部部长，后由国调办开展同台测试工作。

《南水北调工程水泵模型同台测试》中写道：目前可供南水北调泵站设计选择水泵产品，其模型虽然也都有鉴定证书，但由于多方面的原因，鉴定标准不一，基本参数可比性不强。调水项200451号文公开向社会征集适合于南水北调东线工程的水力模型，并在水利部网站上发布了信息。江苏大学、扬州大学（和水科院共同研究）、清华大学、无锡水泵厂（有引进荷兰和日本的模型）、高邮水泵厂（有引进华中工学院的模型）等单位积极响应。

国家相关部门成立了南水北调工程水泵模型同台测试工作领导小组，下设专家组和测试工作技术监督组（组长由国家质量监督检验检疫总局派出），从而保证了水泵模型同台测试工作科学、公正、规范、有序地进行。

（3）同台测试结果

两次同台测试我们共送去20个模型，试验结果性能指标均排在送试模型相同比转速的前列。我们选出16个模型，形成一个系列，可覆盖常用范围。有关研究成果获江苏省科技进步一等奖、水利部大禹一等奖等。

除国内泵厂外，日本日立、荏原，以及德国凯士比也不同程度地采用我校模型。

（4）前期和后续研究

任何研究成果都不是一下子就能获得的。我们在这方面是有基础的：我主持研究的模型在20世纪70年代末参加中国农机院的同台测试，有两个模型性能领先；施卫东老师、陈红勋老师参加了望虞河泵站和刘老涧泵站改造的模型试验研究；由金书记主持的211模型的试验研究，我和袁寿其老师、黄道见老师、袁建平老师参加，在北京进行了鉴定。

另外，喜见流体中心有关项目的后续研究立项、报奖。在施卫东老师的指导下，张德胜博士对南水北调模型进行了流场测试和分析，对研究起到画龙点睛的作用；近两年李彦军博士利用南水北调的转轮，做了数十个大型泵站的模型装置试验，并对进出水流道进行设计、优化和试验研究，成效显著。

主持人：听说关老师出版了很多专业书籍，主持开发了很多软件，首创的水泵设计培训班长盛不衰。

关老师：我共出版著作15部，有些成为泵业界的主要参考书籍。例如，《泵的理论与设计》《现代泵技术手册》《现代泵理论与设计》《轴流泵和斜流泵》《中型低扬程泵选型手册》等。有人说我的书几乎是泵业界人手一册，这是夸张的说法，不过受到读者的欢迎倒是真的。

我主持开发的泵三维（含二维）水力设计软件、泵技术和选型软件、低扬程泵选型软件，在全国广泛使用。我有过做泵水力设计的亲身体会，做一个设计要一周时间，一笔一笔地画，太烦琐了，早就想有一天从中解放出来。1989年我给我的第一个研究生陈世亮布置了开发设计软件的课题，此后我的硕士研究生的课题大都与软件开发有关，如何志霞、李红、杨敬江、郑海霞、张涛、聚书斌等。一个开发不到位就接着来，直到满意为止。正如获诺贝尔奖的项目，据说有的多达五代人的传承。我们的软件除被许多泵企业采用外，还被河海大学、清华大学、华东理工大学、华南理工大学、西安理工大学、兰州理工大学等采用。现在，在线选型、网络版、手机版、远距离测控、智能泵等方面的软件研究方兴未艾，这些都要靠年轻人去开发。

主持人：关老师，现在的年轻教师和科研工作者面临前所未有的工作机遇和挑战，他们也是中国发展事业建设的新生力量，您做了一生的研究工作，请谈谈从事研究有哪些经验呢？

关老师：我做泵研究的体会有以下几个：一是选题很重要。要选紧靠大型、重要、科技前沿的项目。我选的两个项目中，无堵塞泵属于当时国内空白，南水北调工程水力模型属于功在当代、利在千秋的项目。二是试验很重要。泵是半经验半理论的产品，没有那么多理论和计算。要试验、分析改进，再试验。模型研究课题前后做了约十年的试验，计算画图的工作量是不大的。三是积累很重要。平时注意知识和资料的积累。大厦不是一日起，日积月累筑高楼。四是创新思维很重要。在短时间内拿出20套模型，我们又不是神仙，怎么能办得到？我们学习了先进的理论，并结合许多实践经验，在此基础上形成新的设计思维，建立自己的模型。

三、 李德桃教授事例

1. 李德桃教授简介

男，1934年1月生，湖南茶陵人。1956年毕业于吉林工业大学内燃机专业。1979—1982年在罗马尼亚蒂米什瓦拉工业大学进修内燃机，并获工学博士学位。曾任江苏工学院工程热物理研究室主任、教授、博士生导师，兼任国家自然科学基金委员会学科基金委员会学科评审成员，也是哈尔滨工业大学、湖南大学、南京理工大学兼职教授。李德桃教授长期致力于内燃机的教学和科研工作，研制成功的"低油耗、低公害、低爆压的新型漏流燃烧室"被国内多家大型柴油机厂采用，获得了较好的经济效益和社会效益；主持并完成过多项国家自然科学，其中一项被收入《国家自然科学基金资助课题优秀成果和优秀论文汇编》。

2. 李德桃教授采访稿①

主持人：李教授，您的科研生涯有一大特点，就是研究的内容与当时的工业生产实际密切相关。您的科研成果解决了很多问题，比如研制成功的"低油耗、低公害、低爆压的新型涡流燃烧室"，著名的跃进牌汽车柴油机、R190型柴油机均采用此燃烧室，燃油消耗率达到当时国际先进水平。您能谈谈您的科研成果在推广应用方面的经验吗？

李教授：我的科研与生产实践密切相关，这个特点一方面受恩师戴桂蕊教授的影响，另一方面也与我自己长期的工业生产实践有关。恩师戴桂蕊教授认为，做学问就是要活学活用，他经常对我说："掌握知识要学以致用，你拥有的工具再多，放在仓库中不用，也会生锈而成为废品。"他还认为科研的宗旨应为人类的福祉和社会的进步，要重视科研的应用价值。他务实的科研精神深深影响了我。应该说，我大学毕业后工作的内容都没离开过生产实践，我研究内燃的起源也是因生产问题而起，研究的过程大部分也在企业中。和戴桂蕊教授团队研究内燃水泵、柴油机水泵，实现了机械提水，解决了人力水车耗费人力的问题。1975年研制成功的"低油耗、低公害、低爆压的新型涡流燃烧室"，最初也是应常州柴油机厂领导"开发一种四缸机，但目前转速3000转/分钟上不去，性能也不达标"的要求开展的，经过三年，我们的研究成功了，国内所有涡流室式柴油机厂纷纷来常州柴油机厂取经，新燃烧器被移植到当时转速最高的495Q型车用多缸柴油机上，所有指标达标。应上海自动化仪表研究所邀请研究漩涡流量计，后由常州热工仪表厂生产，后来还抱病去四川参与该流量计的实际使用和实验验证工作。带领老师和技术人员赴泰县柴油机厂解决管理、工艺、技术上的问题，经过半年的苦战，使产品达到省级和部级标准，还获得机械部节能产品称号，厂领导多次说是我们救活了厂子。我们为无锡县柴油机厂产品的供油规律匹配方面进行了大量的实验和理论计算，使其生产的柴油机对燃油的适应性更广、油耗更低。扬州柴油机厂生产的495型柴油机，采用的是我研制成功的"双楔形"主燃烧室，它与南京汽车厂生产的"跃进牌汽车配套，这种汽车在我国曾畅

———————————

① 根据"辉煌一课"采访稿整理，有删改。

销一时。我的一项国家自然科学基金课题"涡流室式柴油机冷启动机理"的研究成果解决了湖南邵阳汽车发动机厂生产的主导产品因用户反映启动困难而滞销的问题，帮助他们销售了2万多台滞销产品，取得了较好的经济效益和社会效益。湖南省华裕发动机制造有限公司的产品——483型柴油机，虽然采用了电热塞，但其自动性能仍较差。应公司要求，我带领博士生，亲自到该厂做改进冷启动性能的试验，经过一段时间的努力，最后使冷启动最低温度降低了15 ℃，之后该产品深受用户欢迎。此项成果曾在国际会议上发表。我在该领域做出的成果用于生产实践，绝大部分是无偿的，有的厂家确实比较困难，我也不忍心向他们收取技术转让费。

主持人：现在国家实施"双一流"建设战略，我们学校也力争进入"双一流"，有一流的学科，基于您主持、参与的国家自然科学基金项目之多，和国内外优秀高校合作之广，研究成果推广应用效果之好，您能结合自己多年的科研经历谈谈如何提升科研水平，拓宽合作之路吗？特别是我们青年教师应该怎么做？

李教授：我们那个年代，科研条件极其艰苦，科研的时间和条件都受到限制。为了创造条件、改善环境，延续我喜爱的科研工作，我开始摸索走上跨学科、跨单位、跨地区、跨国界的"四跨"之路，所以我的科研是"四跨"科研。跨单位：在常州柴油机厂研究的95系列柴油机的涡流燃烧室使全国的涡流室式柴油机的节能和强化研究取得了突破性的进展，推动了该行业的发展，我获得了全国机械工业科学大会先进个人奖。与无锡油泵油嘴研究所合作，对柴油机新一代燃油喷射系统——共轨式喷射系统进行了研究。与南京航空航天大学王家骅教授合作，对涡流室式柴油机采用的轴针式喷油嘴的喷雾进行了激光全息摄影实验和分析。与天津大学内燃机燃烧国家重点实验室合作，对我们自行改装的光学涡流室式柴油机进行了速度场的测量，获得了精确的测量结果。跨学科：受上海工业自动化仪表研究所邀请主持漩涡流量计的研究，经过两年的实验和理论研究，推导出流量计的基本方程式，成果获江苏省科学大会奖。跨地区：与上海内燃机研究所合作，对涡流室式柴油机的排放进行了测量和分析，这是我国最早开展的内燃机排放研究，并获得了降低20% NO_x 的效果。跨国界：与德州大学马修斯教授合作开展柴油机非稳态燃烧过程的研究，首次将相关火焰微元模型用于内燃机的非稳态燃烧过程，获得了一系列创新成果。与美国加州工业大学薛宏教授、新加坡国立大学杨文明教授合作，在国内率先开展微尺度燃烧和微动力系统的研究。从研究的历程看，"四跨"之路的合作研究方式通过与国内外多个单位展开合作研究和学术交流，有力地打开了当时的科研局面，弥补了我们自己在科研设施和设备上的不足，提升了在业内的知名度。特别是跨国界的合作不仅仅提升了研究水平，更重要的是使我们拓宽了眼界，增强了信息，提高了学科研究方向在国际上的学术地位，也为研究生的培养提供了良好的国际环境。

虽然现在科研环境比以前改善了很多，但我觉得"四跨"的理念还是适用的。我认为青年教师除了要具备做科研必备的耐得住性子、肯吃苦的品质外，还要多多与同行、与外界交流，大家要交流、融合。记得我在吉林工业大学排灌机械教研室工作时，我的恩师戴桂蕊教授经常领导和组织大家一起讨论排灌机械的一些基本概念，比如"水泵的比转速"问题我们就讨论过多次，有时甚至争论得面红耳赤，我至今怀念这种讨论的氛围，它对提高教师，尤其是青年教师的学术水平很有裨益。

同时，我觉得青年教师不要怕上基础课，不要认为上课是浪费时间，耽误了科研，这个观念是不正确的。我的博士生导师贝林单教授不但对内燃机的基本工作原理掌握得很好，而且在内燃机的结构设计、动力学和增压等方面也有很深的造诣。他的专业基础全面扎实，这与他长期花大力气讲授大学生课程与指导实验有关。

主持人：您师从多位名师，自己又从事多年教育工作，您能谈谈高校教师，特别是青年教师如何开展学生教育吗？

李教授：我是1952年读的大学，教授我们学业的老师有的毕业于清华大学等高等学府，有的从国外留学回来。他们的才干、授课方式、人格魅力深深地影响了我。比如教授我"内燃机结构与设计"的徐迺祚毕业于清华大学，后又在德国柏林工业大学获得博士学位。他在分析内燃机的各种结构时，总是从多视角和实践出发，注重知识的实际应用，答疑时他能回答我们提出的各种问题。他的授课，更使我深深地爱上了这个专业。我的恩师戴桂蕊教授，是我国排灌机械的创始人，早年毕业于英国皇家学院，他认为做学问就是要活学活用，做科学研究就要有锲而不舍的精神，要不为金钱所动，要注重科研的应用价值。我的博士生导师华西里·贝林单，是罗马尼亚数一数二的内燃机权威专家，他曾劝告我"做博士论文研究不能急于求成"。贝林单教授每讲一次课，讲稿必补充、修改一次。

所以我认为，教授学生，教师自己首先要有较高的学识水平。俗话说"给学生一滴水，自己要先有一桶水"，工科类教师更要加强优秀教材的整合和实践能力，课堂才更生动，更吸引学生。比如我的博士生杨文明，现在是新加坡国立大学研究员，他在引进的欧美教材与印度教材的基础上，结合自己的科研成果所编辑的内燃机教材，既包括内燃机的基础知识，又有最新的科研结果，同时辅以大量的动画与视频，他的教学方式生动易懂。同时教师本身的人格修养也很重要，教育不仅仅是知识的传授，更是精神的传承，我的几位恩师都正直、善良、勤奋、学识渊博、严于律己、宽以待人、锲而不舍、执着追求。我记得我曾对贝林单教授讲义中的一个公式提出了修正意见，他考虑并再三推导后虚心接受了我的意见，表现出"大海不拒细流"的大师风范。他们影响了我，我学习、继承了他们的精神，同时也这样影响我的学生。还有，我认为教师要多与学生交流，记得我在日本交流时，发现在日本大学里，导师、研究生和大学生经常在一起举行专题讨论。讨论会的内容通常从最新发表的论文切入，如改变火焰传播方向以降低 NO_x 等新的研究动向。一般是讲师或博士生主讲，导师随机点评，大学生提问题，学术氛围十分浓厚，学术民主尽发扬。这对提高研究生和学生的科技水平有积极的作用，也使师生关系更加融洽。

四、 赵杰文教授事例

1. 赵杰文教授简介

赵杰文，江苏大学教授，1988 年获工学博士学位，1993 年晋升教授，1995 年聘为博导，享受国务院特殊津贴，是全国第四、五届国务院学科评议组成员；多次主持国家自然科学基金、国家 863 项目、博士点基金、江苏省自然基金重点项目、国家支撑计划；获得过国家科技发明二等奖，何梁何利技术创新奖，江苏省科技进步一等奖等重大奖项；培养硕士、博士、博士后 30 多人，指导的博士论文获全国百篇优秀博士论文。

2. 赵杰文教授对江苏大学科研精神的阐释①

我是 1962 年考入江苏大学的前身镇江农机学院的，到 2017 年，弹指一挥间，55 年过去了。除去大学毕业后分配到外地工作的 10 年，我在江苏大学这块土地上生活、学习、工作了 45 年，完成了本科、硕士、博士三个阶段的教育，从学生到助教、讲师、副教授、教授、博导，我热爱这所培养了我的学校，因为我熟悉这所学校的每一个角落，每一条大路、小道，更因为我的人生经历和学校的发展轨迹同步。作为一名教育工作者，忠诚于党的教育事业是大目标，做出我的贡献，回报学校对我的培养，同样是我心中挥之不去的想法，这种朴素的想法是那么清晰而又具体，不断激励我奋发努力，激励我勇往直前。

1980 年研究生毕业留校任教后，我担任吴守一教授的助手，从事联合收割机的教学科研工作，1985 年学校成立农产品加工教研室，也就是现在的食品学院，我的研究方向也转向食品、农产品品质无损检测技术的研究，至今 30 年过去了，我一直坚守在这块阵地，自觉地、不断地追求学术特色，坚持学术创新。在这一追求中集中了自己的学术注意力，基本上做到了心不二用、力不分散、时不浪费，从零做起，甘坐冷板凳，路一步一步地走，苦一口一口地吃，逐渐地在学术园地里有了栖身之地。正是靠这种坚持，才能从追赶到并驾齐驱，最后做到超越，在最近 10 多年里形成了一个喷发。我们团队获得了中国机械工业一等奖（2 次）、中国轻工业发明一等奖、教育部技术发明一等奖、教育部自然科学二等奖、江苏省科学技术一等奖（2 次）、国家技术发明二等奖、何梁何利技术创新奖（这是何梁何利奖创立以来授予食品检测领域的唯一奖项）。其中，国家科学技术奖是政府设置的最高奖项，每年不超过 300 项；何梁何利奖是非官方评审，即社会化评审的最高奖，每年只评 50 项。可以说，能拿的奖我们都拿了，团队的青年教师被评为长江学者特聘教授，培养的博士生 1 人获全国百优论文奖，1 人获全国百优论文提名奖，6 人获江苏省优秀博士论文奖。仅 2008 年以来的 10 年间团队发表 SCI 论文 165 篇，成果被美、英、德、日、俄等 59 国的学者引用，单篇最高他引 154 次。这些成果的获得，得益于校领导及相关部门的支持，得益于团队所有成员的合作发力，当然也和自己的努力与奋斗分不开。下面我就学习、工作、为人处世等方面最有感悟的几个

---

① 根据"辉煌一课"采访稿整理，有删改。

问题和大家进行交流。

（1）要有不断创新的学术思想

科研活动是一种创造性的活动，我深深地体会到，创造性活动的灵魂是创新，先举几个例子。1986年，在申请国家自然科学基金"散体动力学在农业物料加工中的应用"时，团队摒弃把群体、散体物料简化为单体、球体进行研究的传统手段，指出这在农业物料加工过程中与实际不符，比如，大豆、玉米在加工、输送过程中绝不会是单粒体，体现出来的往往是群体行为，表现出来的是具有分布规律的随机现象。于是，我提出用随机微分方程这个数学工具来解析这一现象，凭借这一学术思想，该基金的申报一次就获得成功。当时，全校每年也就能获批一两项。这个良好的开头给了我无穷的信心，我在科研大道上的第一步就这样迈出去了。

2002年，我国第一个有关农产品无损检测的863专项进行招标。无损检测的研究在我国已经开展了十多年，相关研究单位很多，尽管我们开展得最早，但十多年下来，我们的技术优势已经逐步失去。从地域、学校名气来看，我们甚至处于劣势。我当时的思想是只能以创新取胜。针对其他单位提出的图像处理或近红外光谱分析等单一技术，我们指出单一传感器技术实际上只能模仿人的单一感官，得到的信息带有片面性，不能描述被检测对象的全面特征。因此，我们创新性地提出了多种传感器技术一体化思路，做到信息互补，以多维信息的联用来克服单一技术的不足。在研究方法上，我们参照了信息学科中多种信息的基本融合手段，分析比较了低层次融合（也叫作数据层融合）、中间层次融合（也叫作特征级融合）及高层次融合（也叫作决策层融合）的优缺点，提出了我们的融合思路，这种多技术融合的研究思路得到了评委们的赞许，加之研究方法周密可行，一举中标。当时参加竞标的单位有中科院生物物理所、中国农业大学、中国农机化研究院等，与这些竞标大热门相比，我们成为一匹黑马。再举一个例子，几年前有位博士生做了一个开题报告，他是学微生物的，而我们的方向是无损检测。无损检测主要是采用物理手段（光、电、力学等）对生物体品质进行非破坏性检测。也就是说无损检测与他过去从事的微生物方面的研究相去甚远。我们有一个很好的想法：可以把两者结合起来。比如肉制品的腐败过程本质是一个细菌繁殖的过程，只要找到一种可附在细菌的细胞壁上的荧光反射物质，再找到一种特定频率的光，把这种特定频率的光打在荧光物质上，荧光物质就会发光，再根据发光的强弱，细菌的数量也就是细菌繁殖的程度就一目了然，从而可以比较准确地判定出肉的新鲜度。这个思路属于两个学科的交叉融合，很有创新特色。我当时就提出一个问题，技术思路是否成立，取决于能否寻找到特定的荧光物质。后来，这位博士生在寻找特定的荧光物质上面有了突破，做出了创新性成果。

以上几个例子说明：① 创新不能迷信权威，创新是对以往的超越，是对前人、他人、自己的超越，往往意味着对传统的挑战，科学通常是在怀疑和批判中前进的，研究成果中必须要有自己的见解，当然常常可能是错误的，但是随风而摆、没有见解，研究之路是走不了多远的，也出不了成果。② 在科学发现和发明的创造活动中，要做出有效的推理，需要既专一又发散的思维，需要联想，所以知识面太狭窄往往是不行的，无法形成知识间的联系，也就是说，广博、扎实、可靠的知识结构，以及对周围相关学科和专业发展的了解，是创新的基础，或者说是前提。③ 应该给年轻人提供一个宽松、自由、开放的学术氛围，身心自由是创新的潜能得以发挥的基本条件，自由到什么程度呢？选题是自由的，研究方法的选择是自由的，发表是自由的，但同时，批评也是自由的，修改自己的观点也是自由的。而身心自由的获得来源于宽松、自由、和谐的环境，只有在这种环境中的个体才有人格的舒展，才会有思维的活跃和激荡，才能滋生出一种抑制不住的渴望，才敢于标新立异和创新。

赵杰文教授科研成果获奖情况

（2）如何面对人际交往的挑战

可以说，从中学生到大学生的转变中一个核心的内容就是人际关系观念和内涵的转变。在中学或在中学以前，人际关系的概念更多的是友谊的扩展，其重要特点是交往双方根据个人的好恶来取舍。中学的人际关系对每个同学来说可能并不是主要的，双方实在无法协调时，还可以请老师、亲属来帮忙。一个人要想发展，要想发挥自己的潜力，要想对这个社会做出一点有价值的事情，必须有一个良好的人际环境，这个良好的人际环境就是指能够与周围的人建立一种和谐的关系。

现代社会需要的是高度的合作，个人做到100%努力、发挥100%的潜力是不够的，团队发挥100%的潜力才是成功的关键，这是其一。其二，科技的突飞猛进和新的经济模式的出现，意味着将来会有更多的自由职业者和短期员工，社会交往能力将越来越重要。

我认为，人际关系的重要性体现在以下几方面：首先，学会与各种人打交道。"三人行，必有我师焉。择其善者而从之，其不善者而改之。"其次，在与各种人打交道的过程中，也会使自己成熟起来，看问题更加全面。哈佛大学名誉校长陆登庭教授在首届中外大学校长论坛上强调：哈佛经验最显著的特征是以开放的胸襟最大限度地促进交流。哈佛大学中有来自不同国家的学生，他们各有不同的宗教信仰，因此不可避免地会发生争论，甚至校园里会出现示威活动，但并没有导致危机。反倒是原先的冲突变成相互的理解，心胸变得更开阔，考虑问题变得更全面。大政治家、大学问家往往出自这样的大学也就一点不奇怪了。

那么，怎么才能处理好人际关系呢？可以说，既复杂，又简单。说复杂，人人都相信；说简单，可能不太好理解。我谈两点看法，第一，待人要诚恳；第二，做人要大气。先谈谈待人要诚恳，要知道，世界上没有十全十美的事，也没有十全十美的人，我们都是凡人。我在这里跟大家交流，实际上是和大家一起探讨学习、工作、为人处世中的问题，其实我也做得很不够，因为我也是凡人。能做到诚恳待人，自然会做到尊重对方，也容易理解对方。可能意见、观点仍不一致，但起码能求同存异，避免矛盾尖锐化。要做到诚恳待人，就要有宽阔的胸襟。要明白一个浅显的道理，人与人是不同的，千万不能以己之好要求别人也好之，以己之恶要求别人也恶之。所以，要学会自制，学会宽容。

学会自制，就是要学会控制自己的情绪和行为，成为自己真正的主人。学会宽容，就是要学会忍让和谅解别人。下面再谈谈做人要大气，要有海纳百川的精神。我常问学生，海为什么能纳百川？回答有各种各样的，我告诉他们，你们的回答都有道理，但最正确的答案是海平面是最低的，我们赞美辽阔壮观的大海，因为它在低处接纳着无数大江、小河，汇聚成气势磅礴的强大力量。希望大家学会放下架子，把姿态放得低点，再低点，把自己培养成一个内涵丰富、兼容并蓄、谦虚谨慎、博采众长之人。大气是做人做事的风范、态度、气质的综合体现，是一个人综合素质的对外散发。

（3）如何面对挫折的挑战

首先，要知道人生中遇到挫折不是坏事。有两句话，一句是"有钱难买少年贫"，还有一句是"自古纨绔少伟男"，都是这个意思。

其次，如何面对挫折。人总是希望更多地探求生命、生活的内涵和外延，所以人往高处走是人的本能，往高处走就不可能一帆风顺，经常会受到各方面的制约和限制，有时甚至遭到打击，失败是难免的，受委屈也是难免的。正因为如此，正确地对待挫折和失败很重要。因为挫折也往往伴随着机遇，问题是很多人受到几次挫折后，再也爬不起来了，因为他失去了信心。要知道，虽然这次失败了，身上脏了，皮擦破了，但是，你还是你，你没有贬值，不管衣着整齐与否，你的能力并没有改变，你应该保持自信，分析挫折的原因，找准方向，继续前进。人生面临很多选择，最容易选择的是放弃。如果躺倒后爬不起来，那么成功也将永远离你而去。能取得最大成就的人，往往不是最聪明的人，而是那些经得起挫折、坚韧不拔的人。社会的精英哪一个不是受过挫折的呢？大名鼎鼎的思想家培根为世人留下至理名言：面对厄运所需要的美德是坚韧。培根要告诉我们的是不要轻易放弃，因为失败中可能孕育着成功，但是我还要多说一句，山穷水尽时也要学会放弃。

上面谈了应该如何面对挫折，下面我们来分析一下，什么样的人能经得起挫折的考验，我的回答是心态成熟的人，也就是说始终保持一种美好的心态，做到宠辱不惊，花开自有花落日，花落复有花开时。人一生中取得成就的大小可能取决于众多条件，如本人的天赋，周围的环境、机遇，甚至是运气等，但最终能否取得他应该取得的最大成就取决于心态。说起来容易，但真正做到是不容易的。举一个例子，我的学生陈博士 2016 年申报国家杰出青年基金，顺利通过网评进入会评，全国食品领域包括所有大专院校、科研院所进入会评的只有他一人，会评最后通过率是 70%，我们一起对 15 分钟的汇报内容及多媒体演示进行了认真的讨论和修改，袁寿其校长听了他的两次汇报，也认为内容讲解清楚，应该没有问题，但结果却是落选了。陈博士情绪低落、非常沮丧，受到了打击。我叫他心态平和一些，不能丧失信心。我没有对评审结果发牢骚，而是对他说：第一，不怪别人，只能说我们还不够强大，你要是确实强大，没有人能打倒你；第二，其实拿不到是正常的，指望第一次就拿到，也就奇怪了，很多拿到国家杰出青年基金的，不都是申报了多次吗？第三，难道不成功就是一无所获，就是失败吗？难道失败中没有成功的要素，没有积极的要素吗？实际上，你已经成功了，在全国食品圈子里，大家都知道 2016 年只有江苏大学陈博士一人入围了。虽然最后没有成功，也是扬名了。袁校长也两次发短信向我询问，知道结果后，又发短信说"接着再来"。陈博士很快走出阴影，全力投入到当年江苏省科技奖的申报中，并顺利拿到 2016 年度江苏省科技进步一等奖。

失败和挫折对任何人来说都是难免的，2008 年获国家技术发明奖，我申报了两次才成功；2012 年获何梁何利创新奖，我申报了 3 次才成功。我申报过 3 次院士，都是网上公示的有效候选人，第 3 次甚至无限接近成功，但最终还是失败了。我年纪大了，不会再报了，但年轻人可以接下去，我想也一定会成功的。要正确对待挫折，保持良好的心态，人一生中都要做到得意不张扬，失意不失态，努力了就问心无愧。

很多专家学者问我，你们的科研水平处于一个什么样的国际定位，我是这样回答的：总体处于国际先进，在很多局部领域处于国际领先。原因很简单，像这样一个坚持稳定的方向研究三十年的团队在国际上并不多见，论文被59个国家的学者引用，并有 6 篇 ESI 高被引论文，也客观印证了我的说法。过去，我们的国家落后，硬件条件差，研究经费不足，研究水平比较落后很正常。现在放眼全国，大学实验室的硬件水平一点也差，研究经费也充裕。只要找准方向，坚守加上发奋，肯定会取得不同程度的成功。学校和社会并没有要求你们去做爱因斯坦、爱迪生，那需要天赋，但上帝赋予你们的时间和智慧，已足够你们圆满地做成功一件事。实现弯道超越，走到国际前沿，也不是不可能的。青年教师应有这个自信，不要妄自菲薄。

五、 戴立玲教授事例

1. 戴立玲教授简介

戴立玲教授从事高等教育工作 27 年，先后主讲过《机械原理》《机械零件》《工程图学》《工程识图》《图学基础》《计算机辅助工程图学》《计算机图形学》等系列课程。在教学工作中，戴立玲教授有认真负责、刻苦钻研的工作态度，发扬全身心投入的奉献精神，形成自己独特的教学风格，教学内容娴熟，教学作风严谨，教学方法生动，教学手段先进，教学效果优秀，多次被评为江苏大学优秀教学质量一等奖、优秀教师、师德标兵，深受学生和同行的好评。戴立玲教授主持研制开发的多媒体课件、网络习题集系统等各种教学改革成果，在国内同行教学研究与改革中产生了较大的影响；同时，坚持以教学研究与改革的需要提出科学研究课题目，以科学研究成果丰富教学内容，促进教学改革。

2. 对职业的爱——戴立玲教授对教学科研的阐释①

我对教师这个职业的喜爱，应该首先源于我的父母。1963 年，刚上小学一年级的我，随父母从吉林工业大学来到镇江农业机械学院，从此也就与这个学校结下了不解之缘。我在这里读小学、中学，上大学，毕业留校，在这里接过父母前辈未竟的事业。

我目睹了学校创业初期的艰辛，经历了学校的长足发展，感受着学校取得的辉煌业绩。可以说，我是江苏大学一名普普通通的教师，是江苏大学一手教出来的学生，更是一个地地道道"江大人"的后代。

（1）怎样面对学生

我是这样认为的，老师应该是学生另一种意义上的父母。我目睹过我的父母是怎样对待他们的学生的，也亲身感受过我的老师是怎么对待我的，因此当我也成为一名老师后，不知不觉对坐在我面前的每一个学生产生一种母爱和责任。将心比心，我们每一个做老师的人都有或将会有自己的孩子，谁都希望自己的孩子落在一个爱学生如己出的老师手里，你不对别人的孩子好，你又有什么资格能指望别人对你的孩子好呢？

———————————

① 根据"辉煌一课"采访稿整理，有删改。

这三十九年来，我先后主讲过多门课程，都是基础课，面广量大，特别是工程图学，课时都在 60～120 个。但是不论有多少劳累、困惑，多少委屈、失落，只要站在讲台上，面对着学生，就什么都忘了，就会不知不觉地把心完全地扑在教学上。每天不备好课，没改完作业，就不敢休息，甚至会放弃同学聚会、亲人来访等个人的娱乐活动；学生有问题打电话来，就会放下手头上一切事情赶去给学生答疑，哪怕正在修改就要交稿的论文，哪怕刚刚吃完药正在病床上休息；学生取得了好成绩，我会由衷地高兴，学生作业情况不好或考试面临不及格的危险，我会很着急，主动去帮他们补课。回顾这 33 年的日日月月，除了两次骨折卧床不起外，我没请过一天假，没调过一次课。

有人好心地劝我，你这是何苦呢？地球少了你还不转了吗？同样的课时，你不会多拿一分钱。我总是笑笑，却在心里回答，不是少了我地球就不转了，真是我的生命少不了这份工作和这份喜爱。人们常把教师比喻为蜡烛，其实这只是看到了教师辛苦和奉献的一面，他们没看到，教师的投入有了收获时，更多的还是享受。特别是当我带着学生解决了一个难题，看着他们从迷茫到豁然开朗，发出"哦，原来是这样"的惊叹时，那种"见证奇迹的时刻到了"的感觉，真是一种享受。

（2）"言传身教"

人们常说教师要言传身教，重在身教。什么叫作身教？除了以认真负责的态度对待学生，还要有"本事"呈现给学生，这个"本事"就是教师本人的综合表达能力。这种能力体现在语言和文字表达，还有图形语言和肢体语言。比如说"工程图学"这门课，如何帮学生建立空间思维，掌握画图和读图的要领？这就要用到"身教"了。因为绘图本身就是一种只可意会而无法言传的技能。有人会说，现在不同了，多媒体上的文字和图做得更漂亮，信息给得更多，可是别忘了，在学生的眼里，那是电脑的本事，不是老师的本事，他们没有看到老师做 PPT 的"本事"。有的学生甚至还会陷入一个误区，"我只要掌握了电脑，我也会做老师"，从而会对老师教的东西失去兴趣。大家再想想，在家看电视很舒服吧？可为什么我们的球迷都宁愿高价买票，甚至不远万里赶到现场去看世界杯呢？这就是因为那种身临其境、感同身受的体验是看电视达不到的。因此，我们的年轻教师还是要苦练基本功；否则，就只能做到言传，做不到身教。

（3）将现代和传统教学方法相结合

我觉得现代教学方法是我们教师应该掌握的一个新的基本功。作为一名校督导员，我听了很多青年教师的课，总体印象是过于依赖 PPT，教师变成讲解员。其实教学是需要师生间的情感交流的，这一点多媒体是代替不了的。因此，教师必须不断变换教学手段和形式，授课效果才会大大改善。备课的主要精力可以放在如何把多媒体教学与传统教学柜结合的设计上，前提是得有基本功。以前我的课件做得很漂亮、很详细，还得过江苏省多媒体课件竞赛的大奖，但现在已经"面目全非"了，因为它不适合教学。现在我的 PPT 上仅出现各级标题、关键词或短语，必要的示意图，举例时的起始图和答案图等，其他内容的讲解和作图过程的演示我又回归了黑板图和实物模型。这其实是一种省时高效的做法。比如"工程图学"虽然是一门很经典的课程，它的体系基本上定形了，但国家标准还在不断地更新，它的工程背景还在不断地现代化，牵涉的计算机绘图技术的引入、传统的加工原理和现代化加工技术的背景等，都必须及时融入我们的实例中来，特别是现在大力提倡的案例法教学。你说，教师能不备课吗？

备课的主要环节是课堂教学设计，如何把教学内容和准备采用的教学方法、教学手段（比如板图、板书与电子课件的交替出现，讲解与提问讨论的交替出现，甚至中英文术语两种语言表达的交替出现等）融合起来。就像一个电视剧的导演，必须事先写好这个剧本。你看，这么多的事情要做，怎么会感到枯燥呢？

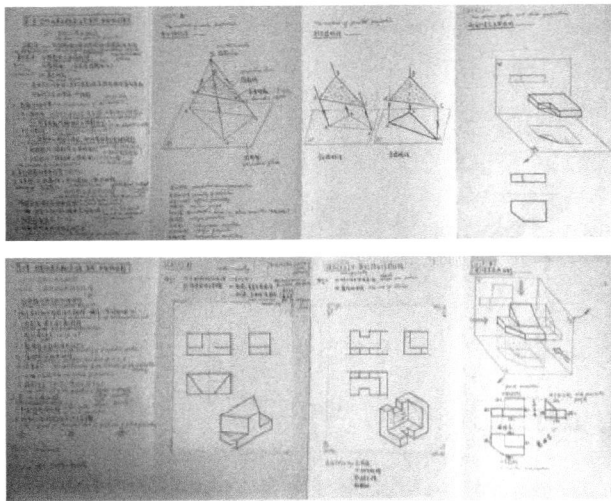

戴立玲教授课堂教学设计展示

以前讲课只用黑板，我一般将黑板分为4块。怎样做到一节课的内容正好布满4个板块，是很有讲究的。一般左边第一块用来写章节标题和关键词，右边三块则用来画图。根据讲课内容所举的例子如何做到从简到繁、一例多用，增加或减少或修改几条图线，它就是一个新的例子，不用老是去擦黑板，这就是一种技巧，也是艺术视角上的教学设计。

现在用了多媒体，黑板没那么大了，如何使多媒体教学与传统教学配合默契，是把课上得出彩的一个关键。比如，我将一个板块黑板专门用来演示画图过程，PPT上则一直保留各级章节名称、关键词及题图或相应的示意图，如果题目比较复杂，也可把立体辅助图交给多媒体，就像我刚才举的例子一样。

提到PPT的编排和制作，我想多说几句。PPT的编排一定要做到图、文、表三者并举，切忌大段文字，图文并茂的版面设计才具有吸引力。首先是图，一图值千字。图不一定是我们的工程图。比如高等数学中对应的一些公式、定理，都有一些曲线图和示意图；经管类课程至少有思维导图、直方图、示意图等。当然，不要刻意去弄一些牵强附会的图，否则效果会适得其反。

戴立玲教授授课课件展示

PPT上安排了图、文、表后，还有一个问题值得注意，那就是一定要考虑它的清晰度。现在我们的课一般至少是两个自然班（60人左右），做课件时一定要让坐后排的同学看得清。因此课件上的文字至少为 24 号字，且不要出现大面积的文字。同一个内容需要翻页时，一定要保留该内容的各级标题，让学生随时知道讲到了哪个部分。PPT 上的图和表一定要经过处理，很多直接扫描下来的图片很模糊，如果表格很大，内容很多，就要想办法利用 PPT 的功能安排分步放大，如先有一个完整的表，然后随着讲述内容分段出现放大效果。保持清晰度的第二大问题就是配色问题，深色背景一定配浅色字，反过来浅色背景配深色字。据我的经验，白色背景是最佳选择。

（4）精心营造研究型、互动型的生动活泼的课堂教学氛围

与学生的互动也是需要设计的。这种互动可以是老师自问自答，也可以是向学生提问。向学生提问时要注意把控局面和时间，这就要事先设计。比如叫了一个学生回答问题，他答得出来怎么办？答不出来怎么办？是让他到黑板上写写画画地答题，还是就站在座位上答题？是口述答题，还是读一段书上的文字？是分组讨论，还是一个人回答多人纠错？要调动学生的课堂气氛，切忌聊些无关话题。我在听课时就发现有的老师为了调动课堂气氛，说了一些离题太远的笑话，博得哄堂大笑，可一旦回归本课程教学内容，不到五分钟，从后排开始，学生玩手机的、打瞌睡的都纷纷上演了，甚至不避讳旁边还坐着我这个听课的老师。

作业是每门课程的一个训练性环节，因此教师批改作业也是一项必不可少的工作。首先，教师布置了作业，学生做了你不看或只批改一部分，这是对学生付出的一种轻视，久而久之，他会觉得作业不做也无关紧要。其次，教师不批改学生的作业，就无法掌握学生的学习情况，从而影响教学效果。我的经验是每份作业必改，但批改时只做记号而不去为他订正，每份作业改完后一一打分（五分制），下次课的前 10 到 20 分钟进行作业讲评，要求学生当场订正。我还采取过让学生分组相互批改再上交的形式，批改时让学生拿出各自的作业结果进行比对（从不给出标准答案），有不一样的地方就要讨论，统一认识，然后由批改人在空白处用铅笔标明，也允许保留自己的结果，由当事人注明原因。最后，我批改后再做最后的讲评。这样的效果也很好，可以培养学生的自主学习的能力。

（5）教学研究方面的体会和感悟

长期以来，人们都有一种误解，认为教学就是上课，课上得好，就是教学搞得好，其实不然。教学是一门科学，上课其实只是教学工作的一个实践部分，用科学的方法对教学教育法进行理论研究，再通过以上课为主的各个环节将其上升为艺术，这才是完整的教学。教学离开了理论研究是没有生命力的，也是没有科学意义的，更谈不上教学艺术了。

我很喜欢挑战新的东西。为非工科专业的图学基础教育创建新的课程体系、卓越工程师培养计划的实施、双语或留学生全英语教学，我都积极地走在前面。这么多年来，尽管我一直没有担任任何职务，却主动以一位老教师的责任心，带领所在教学团队成员，特别是青年教师，结合教学实践，潜心于创新教育理论和现代教学法的研究，注重教学规律与思维学、心理学等科学的交叉性研究，坚持以教学改革的需要呼唤教学研究，以教学研究的成果反哺教学内容，从而获得江苏省教学成果一等奖，江苏省精品课程，国家"十一五"规划教材，江苏省精品教材，江苏省"十二五"重点教材，江苏省高校多媒体课件二、三等奖等众多奖项。

我发表的文章不多，但每一篇都对应于我主持的每一个教学研究和改革主题，其中一篇题为《基于 CAD – 3D 技术的画法几何图解法研究》的论文，被评选为每五年一次的中国工程图学学会优秀科学论文。我主编的教材也不多，但每一本教材都能以新颖性、创新性，甚至原创性的特点问世。正是因为它们真正出于教学新理念、新构架、新技术的需要，因此每一本教材都得到清华大学、浙江大学、南京航空航天大学、中国矿业大学等名校同行专家的认同和好评。我主编的教材分别获得江苏省级精品教材、重点教材和国家级规划教材等重大成果。这其实也为学校的教学成果增加了一块砖、一片瓦。

（6）综合素养的提升

首先，有了综合素养和审美品位，在举手投足之间，自然会流露出一种"为人师表"的气质来。就像一个经过几年部队生涯的人，哪怕他后来脱下了军装，给人的感觉依然是军人。其次，在教学的每一个实体环节上，如课件的设计制作上、课堂教学的设计上、教案教材的编排上、课堂的板书板图上，都有很多只可意会无法言传的融入。这种综合素养和审美品位，会促使我们在生活中和工作中发现美，产生创作灵感。

说了这么多，我不是想炫耀自己多才多艺，而是想告诉大家，其实每一个人在不同的领域内都有各自的天赋，要珍惜我们的每一段经历，不要把自己当成一个机器，以前是学习机器，现在是工作机器。人的大脑有两个半球，分别主管人的形象思维和逻辑思维，这两种思维协同工作，才能产生创造性思维。我们不能当一辈子的机器，挖掘并把才艺和工作融合起来，得到的将是一种享受而不是苦累。

第九节 江苏大学科研成果服务地方经济

一、 新型低能耗多功能节水灌溉装备关键技术研究与应用

1. 合作方介绍

上海华维节水灌溉有限公司与江苏大学联合开展了多项课题研究，研发了轻小型喷灌机组和喷头产品；与江苏大学合作建立了上海华维－江苏大学研究生站、上海华维－江苏大学流体工程机械研究中心，主要参与了系列新产品的设计、绘图，模具制造、产品性能改进、生产制造、销售与推广等工作。生产的喷头结构简单、运转可靠，喷灌机组轻便、能耗低、性能优秀，已推广应用到上海、浙江、北京、广州、云南等地的各项灌溉工程中，受到用户的一致好评，为国家的粮食安全做出了巨大贡献。

江苏旺达喷灌机有限公司参加了新型低能耗节水灌溉机组及新型自吸泵的研究，负责新产品的生产、制造销售和推广应用，新型移动式节水灌溉机组已推广应用到安徽、辽宁、吉林、黑龙江、甘肃、新疆等地。近年来，特别在抗旱救灾中，新型移动式灌溉机组供不应求，2011 年被列入中央抗旱物资采购项目，产品销量巨大，为国家抗旱救灾和粮食安全做出了贡献。

徐州潜龙泵业有限公司与江苏大学有很好的产学研合作基础，从 2007 年开始参与由江苏大学主持的国家 863 计划中的子课题深井泵的研究工作；2009 年，公司主持了科技部中小企业创新基金"反导叶设计节能和高效深井离心泵"的研究工作；2009 年，公司又参与了国家科技人员服务企业行动项目"节能节材深井离心泵系列开发及产业化"的研究工作。徐州潜龙泵业有

限公司主要参与了新型深井泵的研究，部分样机试制、试验，具体负责新型深井泵系列产品的设计、绘图，模具制造、产品性能改进、生产制造与销售等工作。同时，公司为江苏大学提供了来自生产一线的第一手资料，从而为江苏大学提出的新型深井泵叶轮极大扬程设计法做出了积极贡献。

台州佳迪泵业有限公司是深井泵产品的专业生产企业之一，与江苏大学有着长期合作关系，2007 年开始参与由江苏大学主持的国家 863 计划中的子课题深井泵的研究工作，2010 年应用江苏大学研究的深井泵产品的极大扬程设计方法和轴向力平衡新技术，主要参与了产品的研究、绘图，模具制造，部分样机试制、试验等，并完善了公司的 QJ 和 SP 两大系列共 480 个规格的新型深井泵系列产品，在效率、可靠性和节能节材方面达到国外同类产品的先进水平，产品投放市场后，具有很好的市场竞争力。

福州海霖机电有限公司引进了江苏大学主持开发的国家 863 计划项目中的"系列射流自吸式汽油机－泵直联机组和系列射流自吸式柴油机－泵直联机组"产品（技术），为射流式自吸喷灌泵的样机试制和推广应用做出了贡献。该产品技术含量和附加值高，促进了企业产品结构优化调整和技术升级。产品投放市场后，具有很好的市场竞争力，销量位于同行前茅，远销美国、德国、意大利、荷兰、芬兰等二十几个国家和地区，取得了良好的经济效益和社会效益。

2. 合作的项目特点及合作过程中的问题

我国是严重的贫水国家，水资源分布极不平衡和供需矛盾突出是我国可持续发展的主要瓶颈。农业用水约占总用水量的 60%，因此，大力发展节水灌溉是促进水资源可持续利用、确保粮食安全的必然选择。轻小型灌溉机组作为一种典型的节水灌溉装备，应用面积约占全国喷灌面积的 60%，深井泵是井灌区灌溉系统的关键装备，在农业生产及抗旱减灾中发挥着重要作用。为此，项目组从 21 世纪初开始，就把提高轻小型灌溉机组的水泵效率、优化配置管路及提高喷头性能作为降低机组能耗的关键，通过流体力学、控制技术、流体机械、结构力学、计算机技术等多学科的联合，从理论创新、结构创新、产品研发、多领域推广应用和推动行业发展等方面，开展了卓有成效的基础理论研究和技术创新，解决了传统轻小型灌溉装备能耗高、功能单一、设计理论不完善和可靠性差等长期制约行业发展的难题，取得了如下创新成果：

① 建立了轻小型灌溉系统。项目组创建了移动与固定两用、喷灌与软管灌溉两用轻小型机组及多功能灌溉模式，解决了机组功能单一的问题；研制出独特的机翼快速连接结构，解决了机组变幅喷洒的技术难题；首次提出了基于遗传算法的水泵工况与管路装置优化配置方法，解决了系统配置不合理的问题，系统节能 14% 以上，喷洒均匀性达 0.85 ~ 0.92。

② 研发了多功能喷洒设备。项目组自主创新附壁射流元件代替摇臂式喷头复杂的驱动控制结构，发明的隙控式全射流喷头结构简单，水量分布均匀，射程增加 0.6 ~ 2.7 m；发明了喷洒距离、雾化程度和水量分布可调的多功能喷头，提高了防风能力和适应性；发明了新型变量喷洒喷头并建立设计方法，解决了传统变量喷头结构复杂和水量分布不均匀的技术难题。

③ 创制了节能节材提水装备。项目组创建了深井泵叶轮极大扬程、三维曲面反导叶和平衡轴向力设计方法，解决了井泵效率和扬程难以同时提高的行业难题，与国内外同类产品相比效率提高 5 ~ 8 个百分点，单级扬程提高 15% ~ 50%，泵体长度及成本减少 1/3；创新了射流自吸装置、组合压水室结构，建立了新型喷灌自吸泵设计方法，解决了效率和自吸性能难以同时提高的难题，效率提高 5 ~ 9 个百分点，自吸时间缩短 20% 以上。

④ 授权发明专利 33 件、实用新型专利 12 件，软件著作权 9 件；制定国家和行业标准 9 部；出版专著 3 部；发表论文 150 余篇，其中被 SCI、EI 收录 100 余篇；培养博士、硕士 40 余名，获全国优秀博士论文提名 1 篇、全国"挑战杯"一等奖 2 项、节能减排竞赛特等奖和一等奖各 1 项。

项目历时十余年，对节水灌溉装备理论、关键技术和新产品进行了系统深入的研究和推广应用，形成了低能耗多功能节水灌溉装备理论与设计方法，研制出 20 余种新型机组及产品，关键技术达到国际领先水平，相关成果获中国机械工业、教育部和中国农业节水科技进步一等奖各 1 项。

3. 产生的经济、社会及生态效益

研究成果已被节水灌溉行业普遍采用，广泛应用于农田、园林、设施农业等领域，覆盖全国 26 个省、市、自治区，面积超过 1000 万亩。系列产品已被行业主要骨干企业批量生产，市场占有率达 55% 以上。据 30 余家企业统计，近三年新增产值约 40 亿元、利润约 4 亿元、税收约 2.2 亿元，创汇约 3 亿美元。获中国国际工业博览会银奖、全国农机推广鉴定证书，列入中央抗旱物资采购项目。项目提升了我国节水灌溉装备技术水平，在引领行业发展、抗旱减灾、节能减排和水资源可持续利用等方面发挥了重大作用。

4. 产学研合作的经验模式

产学研合作模式主要有以下 3 种：

① 合作模式与合作机制：通过共建省级高技术研究重点实验室、研究所、流体机械产业技术创新战略联盟等，积极开展重大工程技术难题的研发攻关，共同承担科技攻关、重大科技成果转化等项目。

② 协调机制：在产学研合作办公室的组织、管理下，由负责人牵头、组织和协调有关单位和人员按合同要求完成各自承担的任务，发挥各自优势，充分调动应用、生产、学研三方面的积极性，实现资源共享，优势互补，逐步实现学科集群和产业集聚的新型产学研联盟模式。

③ 利益分配机制：根据合作协议，按照各单位的贡献大小及公平、客观的原则，确定成员双方利益分配关系，协商、调整和确定利益分配比例和方法。在完成技术成果后，合作双方一致同意，才能申请专利。合作双方共同申请专利前，应签署《共同申请专利和确认专利权益的协议》，明确申请专利的费用及专利年费分担内容，申请人排名按约定的单位排名执行。

所形成的成果拥有自主知识产权，生产的产品代替进口产品，大大降低了国家重大项目的制造成本，缩短了交货期，加快了维修更换效率，提高了服务质量，促进了我国国民经济健康稳定地发展，为国家战略安全提供了保障。

二、 江苏大学与江苏沃得公司共同推动我国油菜联合收获机的升级换代

1. 合作方介绍

江苏沃得农业机械有限公司是中国南方最大的联合收割机研发、生产企业，江苏省收获机械产业技术创新战略联盟理事长单位。公司成立于 1996 年，总投资 1.5 亿元，通过十余年持续、健康、稳定的发展，公司现有固定资产 4.5 亿元，占地面积 46 万 m^2，拥有综合办公楼 4250 m^2、销售中心 1100 m^2、变电所等辅助设施 7000 m^2，员工 2300 余人，其中大专及以上技术、管理与营

销人员 300 多名，高级职称以上科研人员 50 余人。公司 2012 年销售轮式联合收割机 1000 台、履带联合收割机 17000 台、半喂入联合收割机 500 台，累计销售额达 26 亿元人民币，利税近 3 亿元人民币。

公司主要产品有履带式谷物联合收割机、轮式联合收割机、轮式拖拉机、油菜联合收割机、半喂入联合收割机和玉米收获机等。2007 年，沃得农机进军国际市场，产品远销亚洲、非洲、美洲的 30 多个国家及地区。在农业机械化程度不到 10% 的东南亚，便占据了各国水稻收割机市场 40% 的份额，特别是在越南全境设立了十几家代理商，销售网络覆盖全越南。与泰国最大的农机经销商建立了长期的业务关系，共同研制开发泰国收割机市场，有望成为继久保田之后泰国收割机的第二大品牌。2004 年，沃得农机建立了完善的服务机构，在全国 26 个省市自治区建立了"三包"服务网络，下设 20 个服务中心、150 个服务站。

公司不断加强先进设备的投入，现有 2 条万台高性能联合收割机装配流水线和拖拉机装配流水线、自动化静电喷粉线，来自日本和德国的数控加工中心、数控机床、数控冲床和全自动板材柔性冲压加工线等现代化的数控设备。依靠精良的设备、精湛的制造技术和精益求精的精神，公司始终保持制造质量的行业领先，是行业内第一家通过 ISO9001：2000 质量体系认证的企业，荣获"国家免检产品"和"最具竞争力品牌"称号。

江苏沃得非常注重产品的研发及产学研合作研发活动，与江苏大学、南京农业大学、农业部南京农业机械化研究所、中国农业机械化科学研究院等科研单位建立了长期稳定的合作关系，在新产品、新工艺、新技术的开发和冶金学科的基础研究等方面进行了广泛的合作，近年来实施的产学研合作项目有 36 项。公司的产学研合作以项目为载体，围绕企业的关键和共性问题开展研究，提升了科研项目的水平和研究深度，为企业培养了大量的技术创新人才，提升了企业在行业中的科技地位和实力，为企业创造了显著的经济效益和社会效益，也为高校的技术成果转化提供了舞台。江苏沃得研发模式取得了显著的效果，一是为企业培养了一批创新人才；二是增强了企业的创新能力和市场竞争力，近年来申请了多项具有完全自主知识产权的发明专利；三是取得了显著的经济效益和社会效益；四是取得了一批创新成果。

2. 合作项目的特点及合作过程中的问题

我国油菜种植面积约 1.1 亿亩，主要分布在长江流域。目前，油菜机械化收获水平仅为 8.2%，直接制约了油菜种植面积和产量的增加，形成我国食用油 61.5% 依赖进口的严峻局面。长江流域油菜具有含水率高、角果成熟度差异显著和成熟角果易炸荚等特殊性，导致油菜机械化收获中的分禾炸荚损失、脱粒破损、清选筛孔堵塞等瓶颈问题一直难以突破。欧美等国的油菜联合收割机不适应长江流域冬油菜的收获。

针对上述难点，江苏大学和江苏沃得农业机械有限公司组成产学研创新团队，在国家自然科学基金、国家科技支撑计划、国家公益性行业（农业）科研专项、江苏省科技成果转化资金专项、江苏省科技支撑计划等项目的资助下，通过协同创新，攻克了油菜脱粒损伤机理的问题，发明了短纹杆－板齿低损伤脱粒装置。该装置兼有揉搓和打击脱粒的优点，油菜脱粒损伤小，脱出物杂余减少 30% 以上。团队还创立了油菜脱出物在气固两相流场中的振动筛分理论，发明了非光滑清选筛，筛分高湿度油菜脱出物时筛面不粘连，清选损失减少 20% 以上。发明了侧倾式双动刀分禾切割器和防缠绕弹齿可调拨禾轮，割台损失减少 30% 以上。研发了联合收割机作业速度自动控制系统和 PVDF 压电薄膜籽粒损失传感器，提高了整机的作业性能和可靠性，作业效率提高 10%～15%。研制的高性能油菜联合收割机损失率小、含杂率低、效率高，具有广阔的应用前景，推动了油菜机械化技术的进步，促进了农民增收、农业增效，为保障我国油料安全做出了巨大贡献。同时，对我国经济与社会发展、产业结构调整发挥了重要作用，引领了我国油菜收获机械行业的发展，对整个配套体系的建设也发挥了巨大的带动作用。

3. 项目的技术水平及知识产权创造情况

研究成果授权发明专利 13 件、实用新型专利 20 件，核心专利获江苏省专利项目金奖、中国专利优秀奖。发表相关论文 57 篇，其中被 SCI 收录 5 篇、EI 收录 52 篇。鉴定委员会认为，本成果的切纵流低损伤脱粒分离、潮湿脱出物高效清选、仿生不粘筛等关键技术达到了国际领先水平，作业速度自动控制、作业流程故障诊断、籽粒夹带监测、清选损失监测等技术居国际先进水平。研究成果获中国机械工业科学技术一等奖及第 17 届中国国际工业博览会创新金奖。

获中国国际工业博览会创新金奖

4. 项目的社会、经济效益情况

项目组成功开发出了沃得巨龙、飞龙、锐龙、蛟龙等油菜联合收割机系列产品，并获"国家免检产品""国家重点新产品""江苏省名牌产品""商务部最具市场竞争力品牌"等荣誉称号；同时建成了履带式、轮式油菜联合收割机生产线2条，累计形成年产12000台（轮式机2000台、履带机10000台）油菜联合收割机的生产能力。

2010年1月至2012年12月，江苏沃得累计销售轮式、履带式油菜联合收割机7564台，新增销售收入7.2亿元、利税1.6亿元，销售的油菜联合收割机占全国市场保有量的15%以上。项目的实施，共创造就业岗位800多个，同时带动了相关配套行业的发展，取得了巨大的经济和社会效益，显著推动了行业科技进步。

5. 产学研合作经验模式及合作情况

产学研合作模式主要有3种。① 合作模式与合作机制：通过共建省高技术研究重点实验室、研究所、收获机械产业技术创新战略联盟等，积极开展重大工程技术难题的研发攻关，共同承担科技攻关、重大科技成果转化等项目。② 协调机制：在产学研合作办公室的组织、管理下，由负责人牵头、组织和协调，有关单位和人员按合同要求完成各自承担的任务，发挥各自优势，充分调动应用、生产、学研三方面的积极性，实现资源共享，优势互补，逐步实现学科集群和产业集聚的新型产学研联盟模式。③ 利益分配机制：根据合作协议，按照各单位的贡献大小及公平、客观的原则，确定成员双方利益分配关系，协商、调整和确定利益分配比例和方法。在完成技术成果后，合作双方一致同意，才能申请专利。合作双方共同申请专利前，应签署《共同申请专利和确认专利权益的协议》，明确申请专利的费用及专利年费分担内容，申请人排名按约定的单位排名执行。

江苏大学油菜机械化收获产学研战略联盟通过组织收获机械行业骨干企业围绕我国油菜联合收割机产业技术创新的关键问题，深入开展合作，突破油菜联合收获产业发展的核心技术，形成产业技术标准；联合建立国家、省级技术创新平台（高技术重点实验室、省级企业技术中心、江苏省企业研究生工作站等），实现创新资源的有效分工与合理衔接，实行知识产权共享；实施技术转移，加速油菜联合收割机研究成果的技术推广和产品产业化，提升我国联合收割机行业的整体竞争力；联合培养联合收割机产业高级研究与应用人才，加强人员的交流互动，支撑我国收获机械行业核心竞争力的有效提升。

三、 江苏大学研发的红外测温传感器为新冠肺炎疫情防控做贡献

2020 年，新冠肺炎疫情防控期间，江苏大学材料学院乔冠军团队研发的红外传感器得到应用。该传感器具有我国自主知识产权的红外传感器全套核心技术。在江苏省重点研发计划、镇江市"金山英才"计划和镇江市江苏大学工程技术研究院的大力支持下，红外测温传感器的产品研发和批量试制得以实现。

红外测温具有速度快、精度高、无交叉感染等优点，是体温监测的先进方法，红外测温枪也成为迎战新型冠状病毒性肺炎疫情的必备品之一。红外测温枪枪口部位有一个红外传感器（测温探头），接收到人体辐射的红外线并将其转换为电信号，从而实现非接触探测人体温度。我国测温枪企业所用测温探头，绝大部分依赖进口，进口周期长、干扰因素多，成为需要测温枪企业应急反应时快速扩产的短板。

该团队研发的红外传感器，探测率、灵敏度、响应时间等关键指标达到国际先进水平，能够更远距离、更快速、更高精度地探测体温，为新型冠状病毒性肺炎疫情防控做出了贡献。目前，团队正在研发用于红外传感器信号处理的专用数字芯片和阵列红外热电堆传感器，前者能大幅度缩小传感器尺寸、降低成本，后者不但能大范围测温，而且能探测人体（物体）的位置和运动状态。

四、 9 天，完工火神、雷神 "两山" 污水处理系统①

2020 年 1 月 24 日中午，颜学升正在镇江和家人准备着年夜饭，手机突然响了起来。家在武汉的区域总经理打来电话说，他接到了一项特殊任务：10 天建成火神山、雷神山两家医院的污水处理系统。

颜学升是江苏大学能源研究院副教授，也是新希望集团旗下企业兴源环境科技有限责任公司总经理。此前一直密切关注着抗疫进展的他当即表态：国家有需要，当义不容辞！

---

① 高雅晶.9 天,完工火神、雷神"两山"污水处理系统[N/OL].《人民日报》客户端江苏频道,2020 - 03 - 16. https:// wap. peopleapp. com/article/5262990/5167924? from = singlemessage & isappinstallecto.

"科研和生产，需要同频共振。只有当创新成果应用于实践、服务于实践，才能创造更多的社会价值。"颜学升说。

1. 有态度也要有能力

助力"两山"医院建设不仅要有态度，更要有能力。

鉴于新型冠状病毒的传染性强，在火神山医院的建设中，污水处理系统是最重要的工程之一，不仅要杜绝病毒通过医疗废水废物传播，还必须将污水处理到合格的标准，不能对环境造成其他污染。事关整个医院和周边居民安全的大事，团队能否在紧迫的时间周期内保质保量完成任务，成为摆在颜学升面前的一道突出问题。

"接受任务就要有百分之百的把握，否则会耽误了医院建设的大事。"颜学升立即成立项目组布置任务，按竣工日期倒推，制订精准的 120 小时高标准抢工计划，分散在天南海北的团队员工立刻取消休假，连夜投入工作。

2. 争分夺秒与时间赛跑

除夕夜，由 120 人、30 多辆货车组成的"战疫突击队"，装载一体化污水处理系统设备，连夜奔赴武汉。1 月 25 日，完成场地分析和确认；1 月 26 日，除夕当天从杭州发出的第一批药品等物资抵达；1 月 27 日，从江苏发出的大型设备进场；1 月 28 日，项目所需物资与设备基本运抵并安装完毕；1 月 29 日，增援员工从贵州遵义、四川乐山、湖北大悟、江苏、河北、浙江、北京等地"逆行"赶到"两山"……

在时间如此紧迫的情况下，临时变更设计方案、增加除臭需求、污水处理能力由 500 吨提高为 2000 吨……面对种种困难，"只有成功，没有失败！"这是颜学升立下的军令状。

为寻找紧缺配件，项目组找遍武汉周边，颜学升动员一切可以动员的力量，利用一切可以利用的资源，微信朋友圈转发、电话联络工厂、请托合作企业……不计成本、不惜代价保障一线物资供应。

现场施工团队实行三班倒，24 小时不间断轮流施工，即使建设期间武汉阴雨连连，场内坑坑洼洼，到处积水，每一个人都毫无怨言；即使满身泥泞、冷水浸透双手双脚，每一个人依然沉稳有力、马不停蹄地安装设备、调试系统。

施工现场图

通常需要 1 个多月工期的污水处理项目，"两山"各自用了不到 9 天的时间：火神山项目 1 月 25 日进场，2 月 2 日交付；雷神山项目 1 月 28 日进场，2 月 5 日交付。"按时按计划交付，我们做到了，真的不容易！"颜学升说。

火神山、雷神山两家医院的污水处理系统7天完成 江苏大学副教授颜学升团队有担当

2020-03-12 17:26:14

武汉火神山、雷神山两家医院，在此次新冠肺炎疫情战役中—"战"成名。而这两家医院的污水处理系统，却是江苏大学能源研究院副教授颜学升带着团队，在7天时间里"战斗"出来的，比规定的10天时间，提速了整整三天！

《光明日报》客户端报道《"两山"污水处理战：江苏大学的社会担当》

《新华日报》报道《江苏高校迸发战"疫"智慧力量》

五、 中央厨房让防疫人员吃上热乎饭①

抗疫一线，吃饭问题怎么解决？在湖北武汉乃至全国多地，中央厨房的团体供餐为抗疫一线人员提供了安全健康的餐饮服务，为打赢疫情阻击战提供了坚实的保障。

---

① 温才妃：中央厨房让防疫人员吃上热乎饭［N/OL］. 中国科学报，2020 - 03 - 07. http：// news. sciencenet. cn/htmlnews/2020/31436675. shtm.

1. 中央厨房"方便又安全"

江苏大学食品学院院长邹小波是"十三五"国家重点研发计划"中式自动化中央厨房成套装备研发与示范"项目负责人。该项目团队由江苏大学、中国农业科学院农产品加工研究所、中国航天员科研训练中心、江南大学、中国农业大学、美的、海尔等25家高校和单位研究人员组成。

得知合作企业正参与防疫工作,邹小波立刻表态:"科研人员上不了一线,就用科研成果为战'疫'做盾。"

快餐盒饭、速冻包子、饺子、糯米鸡、即食鸭……疫情期间,嘉和一品、广州酒家集团利口福食品有限公司等项目合作企业全面开工,利用中央厨房自动化装备生产的方便食品,既省时省力又实现了分餐制,全力保障了抗疫一线人员和各团体的用餐需求。

邹小波介绍说,合作企业南京乐鹰商用厨房设备有限公司生产的米饭线、炒菜锅、洗箱机等自动化装备,已应用在湖北武汉中百生鲜物流园的中央厨房工厂。该公司总经理张如波介绍说:"以米饭产线为例,两个工人、1个小时就能生产1320公斤米饭,可供4000人食用。"

2. 让中央厨房烹饪中式美食

中央厨房在欧美、日本等发达国家已有几十年历史,形成了工业化的运行模式。当前,我国餐厨行业普遍面临租金高、人工费高、原材料成本高、出餐效率低的"三高一低"问题。邹小波认为,中央厨房标准化、规模化、集约化和信息化的生产模式,是解决这些问题的最有效手段。

尽管美国汉堡、日本便当等已经通过中央厨房实现了自动化加工,但是中式餐饮种类繁多,小锅换成大锅,口味变化大。走访多家企业后,邹小波团队发现,现有的中式中央厨房更像一个简单放大的后厨,作业还是半机械化大量人工介入的流水线,急需自动化与智能化改造。

经过近三年时间的研发,项目围绕中式套餐成套装备的开发,对食材调理、米饭蒸煮、菜肴烹饪、包装回收等环节进行专用技术和关键装备研究。同时,结合清洁化生产和智能化配送技术,开发了中式自动化中央厨房成套装备。

据邹小波介绍,目前该项目已在5家大型企业示范应用,开发中央厨房设备38台套,并形成示范生产线6条。在长春市广惠中小学营养餐有限公司的一体化中央厨房中，100 个工人可供应 10 万人的用餐。

"完整的中式中央厨房可以打通全产业链，从田间地头到厨房餐桌，一头连着农户，一头连着消费者。"邹小波说，当前食品业的发展趋势就是通过食品科技来助力健康转型，推进食品智能制造。

六、 "防疫神器" 助力校园免疫[①]

一个长 4 米、宽 1 米的防疫通道，在 2020 年疫情期间现身江苏大学第一食堂入口处。进入食堂的教职员工无须等待，只要经过通道，即可完成测温、消毒、身份识别"三部曲"。

2020 年 3 月 17 日，记者从校方了解到，这个"防疫神器"是江苏大学与兴源环境有限公司产学研合作的成果。

校方告诉记者，防疫通道的全名叫作"智能测温消毒通道"。入口处，通道采用了测温热成像人脸识别系统，温度测量的误差控制在 $0.3 \sim 0.5$ ℃，达到了医学级红外测温精度。通道内，超声波雾化消毒技术形成的 $10 \sim 15$ μm 雾化喷雾，可以自动感应到即将经过通道的人员，提前形成喷雾。

同时，每天经过通道人员的人员信息、温度信息、出入场次等所有详细数据，也都可以通过后台数据查询。

据江苏大学能源与动力工程学院院长王军锋介绍，这个投入运行的防疫通道只是与兴源公司合作产品的 1.0 版本，后期学校还将组建专门的科研团队，与企业加强研发、合作，攻关升级。"高校复学后师生人数众多，我们要提高通道的通过效率，让更多的师生一次性高效率地通过，这就需要研发更高效的消毒雾化方案，还要实现人员数据和校园一卡通数据的对接。"王军锋告诉记者。

在该产学研合作项目签约仪式上，江苏大学党委书记袁寿其还透露，学校的静电喷雾技术曾应用于 SARS 防控工作。在新冠肺炎疫情防控工作中，学校研发的中央厨房、红外传感器等技术和装备也已被推广使用。

"防疫战也是科研战，高效科研人员有责任、有义务为打赢新冠肺炎疫情

---

① 江苏大学现"防疫神器" 该校的静电喷雾技术曾应用于 SARS 防控 [EB/OL]. 扬子晚报网，2020 - 03 - 17. https：//wap. yzwb. net/wap/news/363135.

防控阻击战，提供科技支撑。"

江苏大学现"防疫神器"产学研合作助力校园防疫

江苏经济报 2020-03-16 20:49:15

日前，一个长4米、宽1米的防疫通道现身江苏大学第一食堂入口处，进入食堂的教职员工无需等待，只要经过通道，即可完成测温、消毒、身份识别"三部曲"，这个防疫神器也是江苏大学与兴源环境有限公司产学研合作的成果。

记者从校方了解到，防疫通道的全名叫做"智能测温消毒通道"，通道采用了测温热成像人脸识别系统，温度测量的误差控制在0.3-0.5度之间，达到了医学级红外测温精度；超声波雾化消毒技术形成的10-15微米雾化喷雾，可以自动感应到即将经过通道的人员，提前形成喷雾；而当天经过通道人员的人员信息、温度信息、出入场次等所有详细数据，也都可以通过后台数据查询。

《江苏经济报》报道江苏大学"防疫神器"

七、 江苏大学自主研发的新型超低量静电喷雾消毒机和强电离静电喷雾消毒机应用于疫情防控

农业装备工程学院吴春笃教授、贾卫东研究员领导的科研团队自主研发了新型超低量静电喷雾消毒机和强电离静电喷雾消毒机，两种消毒机经过三轮试制终于定型，在学校三江楼教室进行了多次喷雾消毒试验。团队成员、后勤集团领导和物业人员、镇江市第四人民医院感疾控科专业人员，以及行业专家共同参加试验和见证工作。

试验结果表明，与传统背负式喷雾器相比，超低量静电喷雾消毒机具有显著的技术优势：雾滴细微、分布均匀、弥漫空间，消毒无死角、消杀效果好；药液在物体表面均匀沉积，节省药剂；将静电喷雾技术与气力辅助技术相结合，形成较大的喷洒覆盖面积和极快的喷洒速率，作业效率是传统背负式喷雾器的10倍以上；喷雾量小，一次装药持续喷洒时间1小时以上。该消毒机轻便灵活，一人即可操作，非常适用于"楼堂馆所"包括无电梯的楼宇大面积喷洒消毒。强电离静电喷雾消毒机则通过实现强电离放电产生强氧化性自由基溶液并雾化喷施进行消毒。由于强氧化性自由基具有极强的杀灭微生物的特性，能直接对细胞膜造成重大损伤并进入细胞内损伤 DNA、RNA 和蛋白质，对病毒、细菌和真菌具有广谱致死性。与常规采用化学药剂进行消毒的喷雾机相比，该消毒机技术优势非常明显：以空气和水为原料，采用物理方法，实时生产强氧化性自由基溶液并喷施；因无药剂残留解决了消毒剂消毒方法产生的二次污染问题；同时，省去了喷洒后擦拭物体表面的程序，极大地提高了作业效率，减轻了劳动强度。这两种先进机型均可同时进行空气和物体表面消毒，在疫情防控和病虫害防治方面具有非常广阔的应用前景。

实验现场图

江苏大学后勤集团的领导和消杀人员充分认可超低量静电喷雾消毒机和强电离静电喷雾消毒机的消杀效果，并一致认为，新装备极大地提高了消杀作业效率，减轻了劳动强度，是应对大面积消杀的必备机型。

八、 周绿林教授等出版 《新冠肺炎突发疫情的社区防控： 组织与管理》

2020 年年初，由江苏大学周绿林教授、华中科技大学陶红兵教授担任主编的《新冠肺炎突发疫情的社区防控：组织与管理》一书，由江苏大学出版社出版发行。

社区作为社会管理的基本单元，是防灾减灾、应对突发疫情的前沿阵地。新冠肺炎疫情发生后，社区在防控过程中的作用日益受到党中央、政府部门和全社会重视。习近平总书记在北京市调研指导新型冠状病毒性肺炎疫情防控工作时强调，社区是疫情联防联控的第一线，也是外防输入、内防扩散最有效的防线。把社区这道防线守住，就能有效切断疫情扩散蔓延的渠道。

为切实有效地指导社区基层防控工作，由国内的江苏大学发起，华中科技大学、南方医科大学、杭州师范大学、徐州医科大学，以及美国的杜兰大学、越南的卫生部卫生战略和政策研究院等国内外医学、公共卫生学、卫生应急管理专家学者，还有疾控中心一线工作者共同编写了这本书。著名公共卫生专家、美国新墨西哥大学医学院朱怡良教授，上海交通大学鲍勇教授分别担任本书顾问和主审。

本书主要内容包括：新型冠状病毒及新型冠状病毒性肺炎流行情况、突发公共卫生事件应急管理体系和机制、社区防控任务和机制、社区防控内容及流程、社区卫生机构防控、社区居民自我防控等，同时还介绍了国内外重大疫情防控的典型案例。本书的出版为疫情防控及其他可能发生的突发公共卫生事件的防控发挥了积极作用。

**《新冠肺炎突发疫情的社区防控：
组织与管理》封面**

九、《青春的黑眼圈》——江苏大学抗疫原创歌曲

《青春的黑眼圈》词曲作者邱翔是江苏大学校友，也是一名新冠肺炎防疫一线志愿者。2020 年大年初三开始，邱翔和同事们定点支援南京南站防疫任务，他们分组 24 小时轮班，每班 9～13 小时，疏导客流，引导体温测量等。每天午饭时是大家唯一可以解开密不透风的防护服、摘下护目镜的短暂时间。邱翔看到一个同事摘下护目镜的瞬间，人黑了，眼圈也黑了，心中一热脱口而出，"这是青春的黑眼圈"，大家都笑了，笑着笑着，很多人却已泪眼婆娑。就

在这一瞬间，这首歌的旋律在邱翔脑海中有了模样。13 个小时的执勤结束回到家，已是深夜 11 点。热血沸腾的邱翔拿起吉他，回忆起这些天的点点滴滴，于次日凌晨 3 点完成了《青春的黑眼圈》（南京南站执勤版）的样片创作，歌曲第二天便在朋友圈里传开。江苏大学党委宣传部部长金丽馥在朋友圈里听到这首歌后，第一时间联系到邱翔："咱们江大附院的白衣天使已经开赴武汉战场，能不能给他们写一首歌？"没有半点犹豫，带着对"逆行者"的感动与敬意，带着对一线工作的深刻体会和对疫区人民的感同身受，邱翔当天便改写完主歌歌词和旋律，之后迅速编配，并联系管理学院研究生胡煜东演唱，镇江艺术剧院顾军老师指导，江苏大学党委宣传部与镇江电视台民生频道联合制作完成《青春的黑眼圈》（白衣天使版）。

原创歌曲《青春的黑眼圈》

第五章　新时代高校科研育人成效与展望

第一节　江苏大学科研育人成效

一、 科研育人工作思路

2019 年 1 月，江苏大学获批教育部"三全育人"综合改革试点高校。科研育人工作组根据学校相关文件精神，以立德树人为根本任务，结合江苏大学的发展定位、人才培养目标、科研基础条件，提出"5＋1"科研育人体系，即以学生为核心，从科研精神传承、科教融合、创新导师＋创新科研、科研实践、产学交流五个维度搭建江苏大学科研育人体系，建立多方位的科研育人协同机制，在传承科研精神、学习科研理论、参与科研过程、运用科研成果中培养学生的科学精神、科研水平、学术道德、服务社会的能力。其基本原则及模式架构如下：

1. 坚持以学生为核心的原则

"5＋1"科研育人体系坚持以学生为核心，五个工作维度始终围绕培育学生来推进，在科研育人中关注学生自身发展的内在需求。以激发学生的能动性、自主性、创造性为出发点建构科研育人体系，在具体实施过程中打通科研和教学的壁垒、学校与社会的交往壁垒，着重激发学生内在的科研兴趣，将学生的个体需求与社会需求结合起来，注重对学生综合能力的培养，实现个体价值与社会价值的和谐统一。

2. 坚持情怀、素养、能力协同发展的原则

情怀、素养、能力三者是科研育人工作中缺一不可的元素，必须协同发

展。科研育人工作组提出，科研育人工作要坚持培养学生拥有一份爱国爱校、热爱科研的情怀，要保证学生学会科研理论知识、具备较高科研素养，要使学生具备解决实际问题的能力。通过情怀、素养、能力的协同发展让学生在获取科研基础理论知识、掌握科研技能的同时，激发其科研的内源性动力、强化其科技伦理、培养其科学精神并树立正确的价值观。

3. 坚持科研育人整体性原则

"5＋1"科研育人体系的工作维度涉及不同的部门，需要学校科研、教学、学生等管理部门及二级学院的参与才能顺利实施。因此，这一育人模式需要全校整体联动，协同配合，形成全方位育人的校园环境才能达成育人目的。

"5＋1"科研育人体系

二、 科研育人工作实践及成效

"5＋1"科研育人体系以各种媒体、宣传为阵地培养科学精神、培养学生知农爱农的情怀、达成科研育人的情意目标，利用"科教融合"和知识目标，利用"课堂科研"培养学生的科研行为和习惯，训练学生的自主学习能力和科学探究能力。在"科研导师"的知识传授和专业引领下，以科研项目为载体，通过开放性的科研平台进行科研专业技能训练，积累专业基础理论知识、培养专业能力。以科技竞赛等科技活动为形式进行训练，提高学生的实践能力。以科技交流为桥梁促进科研成果转化，实现知识到能力的实践转向。

1. 科研育人实践

（1）科研精神传承

"科研精神传承"是科研育人体系的出发点，主要以宣传部组织的"辉煌一课""五棵松大讲堂""形式政策教育课程"为主要阵地，着重于情怀、精神的培养，重点培养学生的科学精神、知农爱农的情怀、学术道德与科技伦理。讲座内容涉及江苏大学发展历程、知名老教授回顾学科发展、国内国际热点问题解析等，使学生通过聆听各种讲座掌握科学知识并内生科技创新的兴趣与动力，培养其树立正确的科学价值观。

（2）科教融合

为突破本科教学中以单纯传授课本知识为主的局面，鼓励教师将相关科研成果转化为教学资源，教师可通过"PBL教学法"（问题驱动教学法）、"翻转课程"等教学方式，在讲授专业课程的同时，向学生传授本专业的科研方法、科研进展、科研成果、国家社会最新需求，有意识地引导和激发学生开展研究性学习，训练学生的科学思维，厚植学生崇尚科学的信念，激发学生自我学习的热情，使所有学生都能通过日常课程学习训练科研能力。

（3）创新导师+创新科研

遴选具有博士学位、长期从事教学科研工作、参与制订过本专业学生的教学计划、主持科研项目的一线骨干教师担任学生的学业导师。学业导师围绕专业培训目标、教学计划、课程设置、学生科研、就业去向等内容对学生进行一对多、一对一的指导，帮助学生了解专业的培养要求和专业方面的科研动态，督促学生完成学业任务，增强学生的专业学习兴趣，提升专业知识水平。同时，依托学校教务处、工业中心、团委设立的学生科研项目，鼓励教师担任学生的创新导师，在创新导师的引领下培养学生调研、实验、文献检索、综合分析等科研素养，通过导师带领学生合作完成科研项目进行科学研究的实战操作，在具体的科研实践中培养学生的科研创新能力。

（4）科研实践

依托重点实验室、协同创新中心、研究生工作站、大学生实习基地、创客工厂、校内孵化基地等构建全天候、全免费、全开放的科研平台资源，打造全链条、渐进式的科研实践孵化体系。借助全国"互联网＋"创业大赛、"挑战杯"全国大学生创业计划竞赛选拔等各类大学生课外科技竞赛平台，构建从学生"自创"、师生"同创"、产教"领创"的科研实践"升级版"，将科研成果服务于社会，实现科研实践与学生创新创业的深度融合。

（5）产学交流

产学交流旨在搭建与企业、市场的信息沟通平台，使校内研究成果更加直接地服务社会，通过科技成果的转化达到验证自身科研能力的目的，从而激发大学生的科技成果转化热情，增强大学生的科技成果转化能力。江苏大学科技处利用学校产学研合作的"123战略"（每个学院确立1个产学研重点合作地区、2个重点服务行业、3个规模合作企业），让教师和学生能定期与技术交易市场、行业领军企业、地区重点企业进行充分交流，促使学生、教师能较好地融入科技成果转化环境，把握企业发展情况，根据企业需求调整研究方向，形成科技成果转化良性循环的供需市场。

2．科研育人成效

（1）优化管理制度，激发教师科研热情

① 制定了《江苏大学科研育人工作实施方案》。

② 优化学校科研管理制度，明确科研育人功能，制定了《江苏大学横向科研项目管理办法》和《江苏大学纵向科研项目管理办法》。

③ 坚决贯彻落实《新时代教育评价改革总体方案》。及时修订完善教师科研考核评价指标体系，改进学术评价方法，健全具有中国特色的学术评价标准和科研成果评价办法。制定和出台了《江苏大学高质量期刊论文认定办法》《2020年江苏大学科研工作量核算方案》。

④ 出台和完善相关激励政策，调动学校教师、科研人员参与科技成果转移转化的积极性；加强校内外走访力度，促进企业与成果精准对接；加强科技成果推介，拓展交流渠道。发布《江苏大学科研经费管理办法》《江苏大学科技成果转化管理办法》《江苏大学科技创新40条实施细则》《江苏大学校地共建研究机构管理办法》《江苏大学校企共建研发机构管理办法》《江苏大学技术转移中心有限公司管理办法》《江苏大学技术转移中心管理办法》《江苏大学专利分割确权管理办法（试行）》等一系列制度。

（2）建设学术诚信体系，引导教师回归科研、教学的初心

通过开展"深入学习贯彻习近平总书记在科学家座谈会重要讲话精神"主题教育活动，组织收看 2020 年全国科学道德和学风建设宣讲教育报告会，开设科研诚信讲座，印制《江苏大学师生学术规范与学术道德读本》，发布国家部委、省厅、学校相关政策文件及学术不端典型案例等方式，加强科研诚信教育，营造良好的学术氛围。组织编写了《研究生学术规范和学术道德教育宣传手册》，并开设研究生"科学道德和学术诚信"公共选修课程。

在科技计划项目、创新基地、科技奖励、人才工程等工作中全面实施科研诚信承诺制度，将科研诚信要求融入科技管理全过程；加大对学术不端行为的惩治力度，对学术不端行为发现一起查处一起，推动形成科研诚信和学风自律机制。

（3）深化科教融合、产教融合，提升师生共同服务社会的水平

鼓励教师将相关科研成果转化为教学资源，在讲授理论课程的同时也将最新科研动态传授给学生。积极引导学生申报学校相关部门设立的大学生科研项目。近三年来，学校近 70% 的教师直接或间接参与了学生科研项目、各类竞赛的指导工作。以"教师团队＋学生团队"的模式组建团队参加"挑战杯""创青春"全国大学生创业大赛、中国大学生计算机设计大赛等活动。2019 年，团队获第五届中国"互联网＋"大学生创新创业大赛国家金奖 1 项、铜奖 1 项；获第十六届（国赛）"挑战杯"全国大学生课外学术科技作品竞赛特等奖 1 项、一等奖 2 项；全国大学生数学建模竞赛荣获一等奖 2 项、二等奖 4 项；全国大学生广告艺术大赛荣获一等奖 1 项、二等奖 1 项；全国大学生节能减排社会实践与科技竞赛一等奖 2 项；全国大学生智能农业装备创新大赛荣获特等奖 3 项、一等奖 3 项。2020 年，团队获第六届中国国际"互联网＋"大学生创新创业大赛国际银奖 1 项、铜奖 1 项；全国大学生节能减排竞赛一等奖 1 项、三等奖 2 项；全国大学生数学建模竞赛一等奖 1 项、二等奖 6 项，获奖总数创新高；获第十三届全国大学生先进成图技术大赛一等奖 3 项、二等奖 16 项及团体二等奖 1 项；获"挑战杯"中国大学生创业计划竞赛（国赛）银奖 3 项。

积极组织师生参与申报教育部开展的产学合作协同育人项目，深入推进高校与企业产学合作协同育人机制。教育部产学合作协同育人项目每年申报两次，项目类型分为创新创业教育改革、创新创业联合基金、教学内容和课程体

系改革、实践条件和实践基地建设、师资培训、新工科建设 6 个类别。学校以产学合作协同育人项目为载体，聘请和鼓励企业导师前来授课、共建课程、联合编写教材、合作建设"四新"微专业等，推动校企合作共建教学平台，深化人才培养模式改革，不断提升本科人才培养质量。目前，学校将协同育人项目认定为省部级教改项目，自 2018 年至 2020 年 11 月，累计获批立项 113 项（2018 年 45 项、2019 年 50 项、2020 年 18 项）。

（4）深入实施《江苏大学哲学社会科学振兴行动计划》，培育和资助具有原创性、创新性的学术成果

三、 科研育人工作展望

科研育人是"三全育人"的重要任务，其内涵与时代背景、科技发展、人才培养等密切相关，是一种动态的与时俱进的人才培养模式。而培养德智体美劳全方位发展的毕业生是高校的使命。

在今后的工作中，科研育人工作组将从以下几个方面继续完善、提升现有工作内容：

1. 进一步健全科学的科研育人评价体系

进一步科学确立科研育人的评价指标，改变主要考核科研项目和论文的数量的情况。把科研育人的成效纳入教师业务评价体系和导师聘用制度中，合理评价教师科研育人效果，建立考核应用机制，提升教师科研育人水平。

2. 建设形式多样的科研育人载体

科研育人需要建构和完善多样化的载体平台来满足开展科研实践活动的需要，今后将努力推进建设促进学科专业发展的各类科研实验室，对外延伸和拓展科研育人实践载体。对已有科研载体平台实施统筹管理，实现科研教学示范平台、学科竞赛平台、大学生创新创业训练平台、校内外社会实践基地等的协同建设。

3. 强化联动机制

科研育人的具体实施过程中，需要持续投入育人资源，强化全员全程全方位育人的联动机制，形成协同育人的氛围。在今后实际工作环节，将加大教学与科研协同、科研与实践协同、科研与思政协同、科研与文化宣传协同，多维

发力，形成网状育人体系，提升育人成效。

第二节　新时代高校科研育人的发展机遇

科研育人是指广大教育者在科学研究过程中培养教育对象的科研能力，塑造其科研精神，以及提升其科研品德的综合教育过程，是有针对性地将教育对象培养成新时代所需的高素质创新型人才的教育实践活动。2018 年 9 月 10 日，习近平总书记在全国教育大会上就加快推进教育现代化、建设教育强国、办好人民满意的教育做出全方位的部署，从根本上回答了"培养什么样的人、怎样培养人、为谁培养人"的重大问题，开辟了习近平新时代中国特色社会主义教育的发展道路。科研育人是我国高校"十大"育人体系的重要一环，是新时代高等教育深化改革的关键课题。在我国加快建设创新型国家的战略进程中，构建高校科研育人的新模式，是高校人才培养模式改革的重要举措，亦是创新型国家建设的关键所在。建设创新型国家和人力资源强国，都需要大量的高素质创新型人才，高等院校的科研育人工作面临难得的发展新机遇，也肩负着重大的历史使命。

一、　科研项目育人面临的新机遇

高校是实现创新发展的重要阵地，是创新型人才培育的摇篮。高校科研项目是培养学生创新能力的重要路径，当前正面临新的机遇。

我国高校历来有重视科研的优良传统，进入新时代后，更加强调在科研项目研究中发挥育人的重要作用。2017 年 12 月 4 日教育部颁布的《高校思想政治工作质量提升工程实施纲要》强调，要"发挥科研育人功能，优化科研环节和程序，完善科研评价标准，改进学术评价方法，促进成果转化应用，引导师生树立正确的政治方向、价值取向、学术导向，培养师生至诚报国的理想追求、敢为人先的科学精神、开拓创新的进取意识和严谨求实的科研作风"。一方面，强调要完善科研项目的实施环节，为科研项目顺利进行提供更多优质的保障和服务，并通过完善的评价体系，对科研项目进行科学的评价；另一方面，强调科研项目对学生的导向作用，要做到坚持正确的政治导向，树立科学的价值取向，形成严谨的学术氛围①。

二、 科研平台育人面临的新机遇

科研平台作为学校科技事业发展的核心载体，是组织高水平基础研究和应用基础研究、聚集和培养优秀科学家、开展高层次学术交流的重要基地。新时代，科研平台育人将面临新的机遇。

党中央、国务院高度重视激发科研人员的创新积极性。近年来，党中央、国务院重视完善科研管理、提升科研绩效、推进成果转化、优化分配机制，先后制定出台了一系列政策文件，在赋予科研平台自主权等方面取得了显著的效果。

近年来，高校和研究机构高度重视科研平台建设，推进学科交叉，积极倡导文、理、工学科间的相互渗透和相互结合，各类跨学科计划、项目和研究平台纷纷出现，逐步形成了以团队为依托，以平台为保障，支撑学科的新局面②。

三、 科教结合协同育人面临的新机遇

习近平总书记提出，坚持科研与教育并举，深入探索科教结合协同育人的创新型人才培养新模式。根据新时代人才发展的需求，科教结合协同育人新模式完全契合当代人才培育已有的内外环境，为科教结合协同育人提供了新机遇。

1. 国家战略牵引

为深入贯彻落实习近平总书记在两院院士大会上的重要讲话精神，以及关于科技创新和高等教育内涵发展的指示要求，进一步加强科教协同育人，2018 年 6 月 11 日，科技部、教育部在北京召开科教协同工作会议暨高校校长座谈会，共同研究推动高校科技创新工作，加强新时代科教协同融合工作。会上，教育部与科技部签署了《科技部 教育部科教协同工作协议（2018—2022

① 邓军，等. 高校思想政治工作质量提升理论与实践：科研育人卷［M］. 桂林：广西师范大学出版社，2019：156.

② 邓军，等. 高校思想政治工作质量提升理论与实践：科研育人卷［M］. 桂林：广西师范大学出版社，2019：157.

年)》，议定建立科技部、教育部协同工作机制。协议书明确指出，科技部、教育部将加强政策措施协调，并定期举行高校校长座谈会，听取他们对科技工作的意见建议。协议书提出，建立完善重大政策落实机制，齐心协力落实党中央、国务院重大决策部署，共同推动督促中央科技创新重大改革政策措施在高校落地落实；支持高等教育内涵式发展，支持引导高校瞄准世界科技前沿，增强自主创新能力，充分发挥高校在基础研究、创新人才培养和经济发展新动能培育等方面的重要作用，加快推动高校科技创新和世界一流大学、一流学科建设；建立完善重大政策落实机制，压实高校法人主体责任；支持引导高校瞄准世界科技前沿，进一步强化基础研究；持续培养汇聚创新人才，夯实创新发展人才基础；提供高质量的科技供给，为高质量发展培育提供新动能；扩大科技创新资源开放共享，不断强化创新服务；紧扣新战略新形势新需求，重视发挥高校智库的咨询作用。

国家相继颁布了《关于全面提高高等教育质量的若干意见》《科教结合协同育人行动计划》《关于深化科技体制改革加快国家创新体系建设的意见》等文件，对推进科技与教育相结合的改革提出了大量建议。在国家的大力支持与推动下，高等院校与科研院所相互协作，共同开展以提高人才培养质量为核心的科学研究，进入了重要的战略机遇期。

2. 以人工智能为代表的新一轮科技革命正在发生

在促进经济增长的因素中，科学技术所占比重不断上升，新技术成为社会生产力中最活跃的因素，"科学技术是第一生产力"的论断再次得到证明与检验。伴随着现代科学技术的发展，一方面，学科研究越来越深入；另一方面，学科问题的联系越来越密切，科学研究朝着综合性方向发展。因此，国家重大技术的突破需要多方的合作，而不可能由一个学术机构独自完成，这就使得高等院校和科研院所强强联合共同攻关成为必然。高等院校与科研院所建立起来的这种长期的科研合作关系，为共同培养高质量人才提供了良好的机遇和强大的动力[①]。

---

① 邓军，等. 高校思想政治工作质量提升理论与实践：科研育人卷 [M]. 桂林：广西师范大学出版社，2019：158－159.

四、 产学研协同育人面临的新机遇

我国经济正处于转型期，经济的高质量发展对高技术研究和生产等各环节的人才培养提出了更高的要求，对具有研究和实践等复合能力的创新型人才的需求空前巨大。因此，国家大力实施人才强国战略和创新驱动发展战略。在此背景下，产学研合作协同育人发展正面临良好的发展机遇。

1. 体制机制日趋完善

当前，我国经济处于转型期，国家大力实施人才强国战略和创新驱动发展战略，这就需要大量能够胜任国家实际发展需要的创新型人才，产学研合作在培养全面发展的创新人才上具有独特的优势，国家也出台众多相关政策促进产学研合作协同育人的发展。

国务院办公厅发布《关于深化高等学校创新创业教育改革的实施意见》和《关于深化产教融合的若干意见》两个文件，明确创新产学合作协同育人机制，汇聚企业资源支持高校专业综合改革和创新创业教育。《关于全面提高高等教育质量的若干意见》也明确指出，"以体制机制改革为重点，探索与有关部门、科研院所、行业企业联合培养人才的模式"，坚持"需求导向、全面开放、深度融合、创新引领"原则，瞄准世界科技前沿，面向国家战略和区域发展重大需求，以体制机制改革为重点，以创新能力提升为突破口，通过政策和项目引导，大力推进协同创新。在良好的政策环境下，我国高校校企合作协同育人如火如荼地展开，并取得了一定的成效。

2. 产业转型升级对创新型人才培养的需求高涨

产业的发展和科技的进步对人才培养提出了更高更新的要求。院校要坚持重点培养适应产业转型升级和企业技术创新需要的发展型、复合型和创新型技术技能人才的培养目标，整合多元主体的资源优势，推动与政府、企业、科研院所的协同创新，让不同的创新主体在合作育人中发挥其应有的作用。产学研合作可以做到校企双方互相支持、互相渗透、双向介入、优势互补、资源互用、利益共享，实现产学研合作协同育人，从而积聚高校、企业、科研院所的力量，从技术构思、产品开发到商业应用全过程，加强校企合作，搭建公共创新合作平台，汇集创新信息，交流创新思想，提出创新理念，研究推动成果转

化的新观念。高校应探索针对产业界对人才的真实需求建立专业，推进行业企业参与办学，形成产教统筹融合、良性互动的发展格局。

如今，产学研合作育人在人才培养中的作用已经得到普遍认可。产学研合作育人为大学生提供了一个更广阔、更具体、更现实的教育环境。在这个环境中，通过拓宽实践育人的路径，开展形式多样的实践活动，使学生的主体性得到发挥，并逐步强化大学生自我学习的意识，为树立终身学习的理念奠定基础。产学研合作育人通过加强高校和企业之间的互动，使企业更方便地获得高校科研人才的智力支持，更方便地把优秀学生吸纳成员工，汇聚一批知识结构合理、素质优良的创新人才队伍，服务国家创新驱动发展战略①。

第三节　新时代高校科研育人工作的对策建议

一、 强化使命担当， 建立高校科研育人的体制与机制

促进科研育人，学校必须强化使命担当。"高校立身之本在于立德树人。""大学并非纯粹是一座知识宝库，也并非单单是创新的推动者，更不是一所职业训练学校，万万不可沦为培育贪婪、自私、毫无道德和社会责任可言的人的机构。"学校各级管理工作者必须提高政治站位，强化"立德树人"的使命担当，把握"科研育人是高校职能转变的必然要求，是学生成才的迫切要求，是改进德育工作的客观需要"的定位，高度重视并亲自主抓科研育人；学校要建立科学合理、能够总揽全局、指挥通畅的领导体制和层级分明、良性对接、齐抓共管的长效机制。在科研育人过程中，强化各级组织的责任和担当，形成在学校党委的领导下，科研部门、人事和教师工作部门、宣传部门、学工部门等协同配合的工作局面。各部门要履行好各自的职责，齐抓共管，共同推进科研育人建设。同时要成立科研育人领导小组，对科研育人各项工作进行组织协调、统筹规划，对科研育人过程中存在的障碍进行分析讨论，为科研育人的实

① 邓军，等. 高校思想政治工作质量提升理论与实践：科研育人卷 ［M］. 桂林：广西师范大学出版社，2019：161－163.

施提供切实可行的建议①。

二、 健全规章制度， 发挥制度的导向功能与规范作用

要把科研育人落到实处，必须建立健全完善的科研育人制度，不仅使科研育人有章可循、有章可依，而且要通过规章制度引导广大教师和相关部门开展科研育人工作。制定规章制度，首先要因校制宜。由于学校类型层次不同，科研发展水平也存在差异，因此，科研育人规章制度的制定应该符合各学校的人才培养特点和学科发展规律，使科研育人的内容更加具体化、规范化。

1. 创新科技管理制度

实施科研平台育人，创新科技管理制度，引导师生开展创新活动。学校的所有活动本质上均是出于育人目的的，而科研的客体是技术，育人的客体是学生，为实施科研育人，应将科研与育人紧密结合。这就要求学校科技管理制度的设计，不仅要遵循科技规律，还要赋予人才培养的制度性规定，构建师生向往、思想重视、切实行动的科研导向机制。

在人才培养方案中，高等院校开设创新教育课程或开展创新励志讲座，以营造教育氛围、进行知识传授、加强榜样引导、增强学生创新意识、教授学生创新方法、提高学生创新能力。学校自行组织的科技研发和技术服务项目，引导和鼓励，甚至规定必须有学生参与，或者明确有学生实质性参与的项目才能给予优惠政策支持。有条件的学校可以设置学生科研和技术研发专项项目，鼓励支持学生自主开展创新活动。学校还可以有针对性地组织各类科技创新社团，丰富活跃学生创新生活，形成创新的组织文化和场域文化。

2. 确立明确的育人目标

无论是建设创新型国家还是建设人力资源强国，均需要依托高校培养大量的高素质创新型人才。人才培养是高校的基本职能和重要使命，能否培养高素质创新型人才，很大程度上决定着能否在激烈的国际竞争中占据优势、赢得主动。科研项目的实施将从政治导向、价值取向、科研精神、团队合作等层面引导学生，从而达到育人的目的。高校科研工作广泛吸纳青年学生参与科研实

---

① 邓军，等. 高校思想政治工作质量提升理论与实践：科研育人卷［M］. 桂林：广西师范大学出版社，2019：168.

践，从而培养具有创新意识、创新能力、创新精神的高素质人才，而这些人才将是适应时代改革创新发展、建设创新型国家的重要依托①。

3. 健全科研项目成果的评选和推广机制

经过 70 年的长足发展，我国科技创新能力已经显著提升。为进一步扩大科研项目和成果的影响力，在高校形成良好的科研氛围，亟待健全创新成果的评选和推广机制。科研项目成果评选与推广是科学评价体系中的重要内容，是科研管理的基础性环节，是学术规范体系建构中不可或缺的组成部分。作为一种特殊的制度，科研项目成果评选与推广制度发挥着鉴定学术成果、审核学术质量、引领学术方向、激励学术创新的重要作用。当前，进一步完善科研项目成果的评选和推广机制已刻不容缓，必须遵循"规范、科学、公正、有效"的原则健全该制度。科学的评选与推广机制既可以引导学术活动坚持正确的政治方向、理论方向和科研方向，为我国建设创新型国家提供智力支持，也可以充分调动科研人员从事科学研究的积极性、主动性和创造性，激发其科研活动的潜力和创造力，优化学术资源的配置。从长远来看，健全该制度可以营造良好的学术氛围和环境，形成严谨、扎实、规范和风清气正的学术风气。首先，坚持科学合理的评选机制，避免为达指标而降低对科研项目成果的要求。其次，高校科研育人是时代改革创新发展的迫切要求，必须在整个项目的实施过程中严格把关，推进科研项目成果的转化与应用，发挥科研项目的育人功能②。

三、 加强教育培训， 优化育人环境

提高教师科研育人的意识是做好科研育人的前提。因此，要加强对教师的教育引导，培养教师科研育人意识。习近平总书记在全国教育大会上指出："教师承载传播知识、传播思想、传播真理，塑造灵魂、塑造生命、塑造新人的时代重任。"当前我们要按习近平总书记"三传播"和"三塑造"的要求，强化教师科研育人意识。同时，还要提供多层次、多类型的教育内容，帮助教师树立正确的人生观和价值观，树立科学报国、服务人类的理想和勇于创新、敢为人先的科研目标；强化科学道德和学术诚信意识，形成良好的学风、文

① 魏强，李苗. 高校科研育人论析 [J]. 思想理论教育，2018（7）：97–101.
② 曹威. 高校科研育人的作用及发展方向探析 [J]. 现代交际，2018（22）：189–190.

风，打牢教师科研育人的基础，打好教师科研育人的底色。提升教师科研育人的能力是做好科研育人的基础，因此，要通过开展各种形式的宣讲会、交流会、现场会、专题学习活动等培训方式，对教师的科研育人能力进行培训和指导，让教师掌握更多的方式方法，有效地开展科研育人工作。同时，要鼓励教师加强对教师科研育人的研究和总结，分析得出有效的咨询报告、方法建议等，以指导教师科研育人实践。

优化环境，营造氛围，是促进科研育人的重要手段。良好的育人环境和浓郁的育人氛围是科研育人的肥沃土壤。环境和文化的熏陶是一个潜移默化的过程，对学生的影响是深刻而长远的，要特别注重科研育人的氛围营造和文化建设。一是要加大对科研育人政策、措施和全国科研育人典型的宣传，如"时代楷模"黄大年的感人事迹，营造科研育人的氛围。二是要开展科研育人楷模评比活动，树立身边的典型，发挥科研育人模范的榜样作用，营造树师德、正师风的良好风气。三是要开展科研育人的各种主题活动，通过专题讲座、广播、征文比赛等形式，借助微信、微博等网络平台开展科研育人活动，并为育人楷模设立专门的奖金。四是要重视科研育人团队建设，增强团队中教师和学生的互动，在其共同参与的过程中，使教师的科研精神感染学生，培养学生的合作精神和拼搏精神，构建积极向上的科研育人环境。五是要构建重视科研育人的校园文化，传承学校的优良文化。每个学校在各自的历史发展中，都形成了特有的校园文化，在构建科研育人文化的同时，要将科研育人与其自身的校园文化相结合，发掘优秀的文化传统，弘扬学校精神，将继承与发展相结合，走出自己的科研育人之路。

四、 发挥科教结合、 产教结合协同育人作用

1. 发挥科教协同育人的作用

将科研与教学结合起来，培养理论基础与实际应用相统一的创新型人才是科教结合协同育人的最终目标。不同于传统教育模式中科研与教学相分离的特点，科教结合协同育人通过科研与教学深度融合，能够使学生更加准确地把握学科的特点、方法、前沿动态，实现学科知识技能与社会发展实际需求的互嵌式发展，切实提升应用型创新人才的培养水平，达到科研育人的目的。

教师是开展科教结合协同育人工作的主体，一要注重教师的思想建设，引

导教师协调处理好科研与教学的关系，实现教学与科研相互促进，认清自身教书育人的职责，正确看待利益得失，不急功近利。二要加强交流和沟通，加强教师与教师、教师与学生之间的交流和沟通，及时发现问题，探寻解决办法，总结经验教训。三要鼓励教师将行业的关键技术问题、科研成果直接引入课堂，或者让学生直接参与研究，使学生能够近距离接触科技前沿，培养学生的创新思维和实践技能①。

2. 发挥产学研协同育人的作用

产学研合作协同育人在培养复合型人才方面具有明显优势，能够较好地将科学研究能力培养与实践生产能力培养有机结合起来，有效提升学生的综合能力。因此，在开展科研育人的有利环境下，产学研合作协同育人项目将充分抓住机遇，创新产学研合作体制机制，破除在育人过程中存在的各种障碍，培养出更多具有科研和实践双重属性的高水平创新型、复合型人才。

为促进产学研合作协同育人的发展，在创新型人才培养的全过程中要确保教学内容和教学形式紧跟产学研育人的特点。第一，推动教师将国际前沿学术发展、最新研究成果和实践经验融入课堂教学，在条件允许的情况下到企业中进行现场教学，增强教学的实践性，注重培养学生的批判性思维和创造性思维，激发创新创业灵感。第二，建立长期稳定的校企合作平台。在企业真实环境中进行科研素质的培养和训练，学生能够将课程中所学的专业知识、技能与实际生产结合起来，增强动手实践能力，实现在学习期间与技术问题的零距离接触。第三，校企互动，请企业人员到学校举办交流会、讲座，加强校企合作，联合制订、完善与执行人才培养方案，增加实践学时。

五、 严格管理考核， 建立对教师科研育人的评价机制

加强管理、严格考核是促进高校科研育人的重要措施，是高校科研育人工作持续深入进行的保障。为此，需要建立一套多元化的评价方式，从教师的思想道德素养、科研理想、科研动机、科研精神、科研诚信、科研作风等方面进行全方位的评价，通过采用教师自评、他评相结合的评价方法，对各种评价方

---

① 邓军，等. 高校思想政治工作质量提升理论与实践：科研育人卷［M］. 桂林：广西师范大学出版社，2019：164 - 173.

法按照一定的比例进行量化。

六、 正确引导教师和学生， 发挥学生的主观能动性和积极性

在科研育人实践中，应引导教师和学生做到以下几点：一是教师多形式开展科研育人工作。为了改变高校在校学生在应试教育中所形成的惯性思维，教师可通过实验、交流讨论、创建跨学科科研攻关团队等形式激发学生的求知欲，并通过传授科学研究方法，培养学生的创新思维、提高他们的科研创新能力。此外，教师要鼓励学生参与教师的科研创新活动，使学生主动参与文献检索、实地调研、方案制订、分析论证、实验操作、经验总结等环节，充分发挥学生的主观能动性。学生在参与科研创新活动的过程中，在教师严谨的科学态度影响下，其研究性学习与科学探究的热情也被激发。教师通过参与学生自发的科研活动，将自己的科研知识及经验传授给学生，一旦发现学生的缺点和错误，便及时向学生传递正确的世界观、人生观及价值观，用严谨治学的理念和勇攀高峰的科学精神影响和教育学生。

二是学生多渠道参与教师科研活动。鼓励学生参与各类国家级、省部级课题，以及应用开发课题，协助教师或独立完成科研活动中的部分工作（如查阅资料、社会调查、分析数据等）。学生在教师的指导下开展科研工作，教师向学生阐述科研项目的意义、预期目标、技术方案等。学生参与教师科研，完成某项科研项目的子项目，并在教师的指导下分析结果。

三是学生参与多元化科技创新活动。科技创新活动作为大学生创新教育的有效载体和重要途径，在创新人才培养中发挥着重要作用。近年来，高校对大学生创新创业训练和实践能力的要求日渐提升，大学生参与科研育人的广度和深度不断拓展，大学生科技创新活动已经由过去学生自发性的课外活动，转变为高校人才培养的创新实践模式。通过参加"创新杯"大学生学术科技和创业计划竞赛、"互联网＋"大学生创新创业大赛等，学生可充分利用大学生创新创业训练计划等创新性实践平台，积极探索真理，求实创新。

七、 形成联动育人， 构建 "五育" 并举的人才培养体系

2019 年 6 月，中共中央国务院发布《关于深化教育教学改革全面提高义务教育质量的意见》，正式提出了"五育"并举，要求全面发展素质教育。其一，

教师作为科研育人的主要实施者，首先要牢固树立"五育"协同育人理念，形成"整体融通式思维"与"综合渗透式思维"，构建"一育引领，诸育融合"的教育模式，以德育为引领，以德定才智、以德健体魄、以德悦美、以德塑造劳动品格，将德育渗透到各育之中，构建德育、智育、体育、美育、劳动教育各个要素之间的互动关联。其二，科研作为育人的重要途径之一，教师不仅要重视促进学生的德育，还要注重发挥科研对智育、体育、美育乃至劳动教育方面的促进作用。通过带领学生进行科研活动，提高学生的科研能力；通过引导学生参加科研实践，增强学生的体能；通过带领学生参与科研活动，培养学生正确的审美观念，提高学生的审美情趣、审美能力和创新思维能力；通过让学生参加科研劳动，培养学生的劳动观念，引导学生形成崇尚劳动、热爱劳动的劳动品格。

参考文献

［1］毛现桩. 大学科研育人：内涵意蕴、本质特征与时代价值［J］. 安阳工学院学报，2020，19（3）：91-93.

［2］骆郁廷. 略论科研育人［J］. 高等教育研究，1997（3）：74-77.

［3］刘建军. 进一步重视科研在高校育人中的地位和作用［J］. 中国高等教育，2015（6）：34-37.

［4］李小平，刘在洲. 大学科研的本质特征及其育人意蕴［J］. 高等教育研究，2019，40（5）：70-75.

［5］尹万东. 高校科研人：价值、意蕴、问题与机制［J］. 北京化工大学学报（社会科学版），2019（4）：75-81.

［6］阿什比. 科技发达时代的大学教育［M］. 滕大春，滕大生，译. 北京：人民教育出版社，1983.

［7］习近平. 在哲学社会科学工作座谈会上的讲话［M］. 北京：人民出版社，2016.

［8］王静，李俊秀. 科研育人：高等教育变革的动力［J］. 中国成人教育，2017（8）：30-32.

［9］熊晓梅. 坚持立德树人　实现"三全育人"［N］. 光明日报（理论版），2019-02-14.

［10］崔明德. "科研育人"论纲［J］. 烟台大学学报，2001（4）：220-225.

［11］刘在洲，段溢波. 大学科研人的时代价值与意蕴本源［J］. 湖北社会科学，2019（8）：170-174.

［12］习近平. 把思想政治工作贯穿教育教学全过程 开创我国高等教育事业发展新局面［N］. 人民日报，2016-12-09.

［13］胡金波. 把握"九个第一"建设"第一个南大"［J］. 中国高等教育，

2018 (23)：24 – 28.

[14] 张愿. 高校科研育人的现实困惑与实现对策 [D]. 荆州：长江大学，2017.

[15] 习近平. 以科技创新引领新时代高质量发展——在两院院士大会讲话 [N]. 人民日报，2018 – 05 – 31.

[16] 希尔德·德·里德 – 西蒙斯. 欧洲大学史：第二卷 近代早期的欧洲大学 [M]. 贺国庆，等译. 保定：河北大学出版社，2008.

[17] Humboldt W V. Ueber die innere und aeussere organisation der hoeheren wissenschaftlichen anstalten in Berlin [C] // FLITNER A. Wilhelm Von Humboldt——Schriften zur Anthro-pologie und Bildungslehre. Berlin：Springer VERLAG，1984.

[18] 洪堡. 立陶宛的学校计划 [C] // 李其龙，等. 教育学文集·联邦德国教育改革. 北京：人民教育出版社，1991.

[19] 威廉·冯·洪堡. 论国家的作用 [M]. 林荣远，冯兴元，译. 北京：中国社会科学出版社，1998.

[20] 陈章顺. "大学" 和 "高等教育" 概念差异的辨析 [J]. 教育与职业，2010 (35)：16 – 18.

[21] 威廉·冯·洪堡. 论柏林高等学术机构的内部和外部组织 [J]. 陈洪捷，译. 高等教育论坛，1987 (1)：93 – 96.

[22] 刘在洲，张恒波. 促进人才培养：高校科学研究义不容辞的责任 [J]. 高等农业教育，2014 (7)：3 – 6.

[23] 徐凤麟. 浅析强化理论及其在科研育人中的运用 [J]. 中国科技信息，2010 (23)：239 – 241.

[24] 巴伯. 科学与社会秩序 [M]. 顾昕，等译. 北京：生活·读书·新知三联书店，1992.

[25] 周光礼，姜嘉乐，王孙禺，等. 高校科研的教育性 ——科教融合困境与公共政策调整 [J]. 高等工程教育研究，2018 (1)：88 – 94.

[26] 张建林. 育人属性是高校办学特色的本质属性 [J]. 高等教育研究，2012，33 (6)：30 – 33.

[27] 周川. 从洪堡到博耶：高校科研观的转变 [J]. 教育研究，2005，26

（6）：26 – 30，60.

［28］毛泽东. 人的正确思想是从哪里来的？［M］. 北京：人民出版社，1962.

［29］马克思，恩格斯. 马克思恩格斯选集：第 1 – 4 卷 ［M］. 北京：人民出版社，1995.

［30］刘在洲. 社会实践机理探微 ［J］. 学校思想教育，1992（6）：26 – 56.

［31］孟梦. 基于马克思主义人才观的高校人才培养 ［D］. 天津：河北工业大学，2011.

［32］中共中央国务院关于进一步加强人才工作的决定 ［R］. 人民日报，2004 – 1 – 1.

［33］周泉兴. 人才培养模式的理性思考 ［J］. 高等理科教育，2006（1）：39 – 43.

［34］山东社会科学院课题组. 马克思主义人才理论与实践 ［M］. 济南：山东人民出版社，2005.

［35］列宁. 列宁全集：第 33 卷 ［M］. 北京：人民出版社，1958.

［36］邓小平. 邓小平文选：第 2 卷 ［M］. 北京：人民出版社，1994.

［37］毛泽东. 毛泽东选集：第 1 卷 ［M］. 北京：人民出版社，1991.

［38］列宁. 列宁全集：第 55 卷 ［M］. 北京：人民出版社，1990.

［39］王银花，古广灵. 校地协同育人模式的理论探源与实践路径研究——以佛山科学技术学院为例 ［J］. 佛山科学技术学院学报（社会科学版），2016，34（6）：62 – 66.

［40］孟中媛. 百年来中国大学的三次转型发展的历史回顾 ［J］. 黑龙江高教研究，2008（5）：11.

［41］J. 布卢姆. 美国的历程 ［M］. 杨国标，张儒林，译. 北京：商务印书馆，1995.

［42］王友良. 美国高校人才培养理论与实践对中国高等教育发展的启示 ［J］. 河南财政税务高等专科学校学报，2007（1）：75.

［43］贺佃奎. 当代英国高校的人才培养模式 ［J］. 高等教育研究，2008（4）：5.

［44］易红郡. 英国大学与产业界之间的"伙伴"关系 ［J］. 清华大学教育研究，2004（5）：71.

[45] 谢慧. 力主扶植本土高科技人才——日本人才战略启示［J］. 国际人才交流，2006（2）：10.

[46] 邓小平. 邓小平同志论教育［M］. 北京：人民教育出版社，1990.

[47] 刘家琦. 迎接跨世纪挑战，创建具有哈工大特色的人才培养模式［J］. 中国高教研究，1997（4）：6.

[48] 张睿. 协同论视域下高校"三全育人"实施的机理与路径［J］. 思想理论教育，2020（1）：101 – 106.

[49] H. 哈肯. 协同学：大自然构成的奥秘［M］. 凌复华，译. 上海：上海译文出版社，1995.

[50] Haken H. Information and self-organization：a macroscopic approach to complex system［M］. New York：Springer-Verlag，1988.

[51] H. 哈肯. 协同学导论［M］. 张纪岳，郭治安，译. 西安：西北大学出版社，1981.

[52] 杨晓慧. 高等教育"三全育人"：理论意蕴、现实难题与实践路径［J］. 中国高等教育，2018（18）：4 – 8.

[53] 蔡立辉，龚鸣. "整体政府：分割模式的一场管理革命"［J］. 学术研究，2010（5）：33 – 42.

[54] Rogers D L，Whetten D A. Interorganizational coordination：theory，research，and implementation［M］. Ames，IA：Iowa State University Press，1982.

[55] 徐娜，李雪萍. 治理体系现代化背景下跨部门协同治理的整合困境研究［J］. 云南社会科学，2016（4）：145 – 150.

[56] 史国君，龙永红，刘朝晖. "三进三知"：大学生思想政治教育协同新机制［J］. 江苏高教，2018（9）：90 – 94.

[57] 钱国英，徐立清，应雄. 高等教育转型与应用型本科人才培养［M］. 杭州：浙江大学出版社，2007.

[58] 董友，于建朝，胡宝民. 高等学校教学与科研关系研究现状及对策［J］. 河北师范大学学报（哲学社会科学版），2007（2）：155 – 160.

[59] 赵婷婷. 从大学与社会的矛盾看教学与科研的关系［J］. 高等教育研究，1999（2）：50 – 53.

［60］约翰·亨利·纽曼. 大学的理想［M］. 徐辉，等译. 杭州：浙江教育出版社，2001.

［61］王亚朴. 高等教育文论［M］. 上海：华东师范大学出版社，2005.

［62］Dearing R. The national committee of inquiry into higher education［R］// Higher education and the learning society. London，the Stationery Office，1997.

［63］Marsh H W, Hattie J. The relation between research productivity and teaching effectiveness［J］. The Journal of Higher Education，2002，73（5）：603−641.

［64］Locke W. Integrating research and teaching strategies：implications for institutional management and leadership in the United Kingdom［J］. Higher Education Management and Policy，2004，16（3）：101−118.

［65］Hefce. Review of research［R］. Higher Education Funding Council for England，2000.

［66］JM Consulting LTD. Interactions between researches，teaching and other academic activities［R］. Higher Education Funding Council for England，2000.

［67］Circular. Analysis of strategies for learning and teaching［R］. Higher Education Funding Council for England，2003.

［68］Fairweather J. Beyond the rhetoric：trends in the relative value of teaching and research in faculty salaries［J］. The Journal of Higher Education，2005，76（4）：401−422.

［69］国家中长期教育改革和发展规划纲要(2010—2020 年)［EB/OL］. http://www.gov.cn/jrzg/2010−07/29/content_1667143.htm.

［70］弗里德里希·包尔生. 德国大学与大学学习［M］. 张弛，等译. 北京：人民教育出版社，2009.

［71］何自力，沈亚平. 探索复合型人才培养的新模式——南开大学经济、管理、法学跨专业人才培养试验［J］. 中国高教研究，2006（9）：55.

［72］何家蓉，李桂山. 中外合作办学的核心问题：引进国外优质教育资源——天津理工大学国际工商学院办学模式研究［J］. 中国高教研究，2009（5）：35.

［73］潘立文. 科学发展观视阈下的地方高校人才培养问题探析［J］. 学校党

建与思想教育，2010（32）：32.

[74] 蔡志勇. 办出中国特色的高等教育［J］. 高教发展与评估，2005（1）：9.

[75] 杨萍. 新时代高校科研育人问题与途径探析［J］. 宁波教育学院学报，2018，20（4）：27–30.

[76] 周玥，王洪涛. 立德树人 内涵发展——南京大学研究生教育综合改革中的科研与实践育人模式创新［J］. 中国研究生，2018（11）：13–17.

[77] 曹威. 高校科研育人的作用及发展方向探析［J］. 现代交际，2018（22）：190，189.

[78] 张德江. 论科学研究的育人作用［J］. 中国高校科技，2012（Z1）：17–19.

[79] 中共中央文献研究室. 习近平关于科技创新论述摘编［M］. 北京：中央文献出版社，2016.

[80] 习近平. 习近平谈治国理政：第 2 卷［M］. 北京：外文出版社，2018.

[81] 潘广炜，赵亚楠. 关于"科研育人"对提升研究生思想政治教育质量的思考［J］. 学校党建与思想教育，2019（1）：69–71.

[82] 施家元. 高校科研平台建设与管理机制探索［J］. 北京印刷学院学报，2018，26（12）：100–102.

[83] 陈晓清. 高校科教育人建设的思考与建议［J］. 中国高校科技，2013（10）：38–42.

[84] 牛庆玮，刘永红，黄保. 以科教融合育人观为指导 培养大学生科技创新能力［J］. 实验技术与管理，2015，32（1）：34–37，74.

[85] 欧阳文圣. 产学研融合协同育人机制建设［J］. 科技资讯，2018，16（21）：176，178.

[86] 李永涛，苏晶，朱靓，等. 产学研结合实践育人机制的研究［J］. 吉林省教育学院学报，2019，35（1）：96–99.

[87] 林敬，戴兢陶. 促进地方高校政产学研合作的对策探讨［J］. 广东化工，2018，45（2）：235，242.

[88] 史平. 建筑装饰专业产学研合作教育的研究［J］. 教育探索，2009（11）：19–20.

[89] 田玉敏. "政产学研用"五位一体协同育人模式研究［J］. 中国国情国

力，2016（11）：68－71.

［90］张燕，张靓婷，张洪斌. 产学研校企合作协同育人机制构建［J］. 广西教育学院学报，2017（4）：34－39.

［91］由丽. 新媒体时代高校德育面临的机遇和挑战［J］. 科技风，2019（13）：211.

［92］广西将强化特色新型智库建设［EB/OL］. http://www.gxzf.gov.cn/xwfbhzt/gxjqtsxxzkjsxwfbh/xwdt/20160111－482910.shtml.

［93］刘俊秀，罗玉玲，宋树祥. 基于学生特色与专业交叉的复合型创新人才培养模式的研究与探索［J］. 亚太教育，2016（13）：250，247.

［94］任仲文. 深入学习习近平总书记重要讲话精神：人民日报重要文章选［M］. 北京：人民日报出版社，2014.

［95］蒋文娟，张淑林，刘天卓. 科教结合协同育人驱动机制研究［J］. 中国高校科技，2016（6）：36－40.

［96］创新引领推进变革——教育部产学合作协同育人项目第五次对接会召开［EB/OL］. http://edu.people.com.cn/n1/2018/1126/c1006－30421900.html.

［97］辜桃，谢明. 高职教育转型升级背景下产学研一体化育人的实现路径分析［J］. 河北职业教育，2017，1（4）：17－19.

［98］江惠民，陈国华. 基于产学研的苏北高校校企协同育人机制研究［J］. 教育现代化，2018，5（44）：22－24.

［99］罗鸿斌，陈宝华，郭智强. "双一流"建设背景下的科研协同育人探析［J］. 山东化工，2019，48（01）：158－160，163.

［100］魏强，李苗. 高校科研育人论析［J］. 思想理论教育，2018（7）：97－101.

［101］程雄，王利英，蒋艳萍，等. 科教结合协同育人模式的问题及对策——以广东省高校为例［J］. 中国高校科技，2016（9）：45－47.

［102］刘哲信. "互联网＋"校企合作产学研用协同育人路径研究——以吉林大学珠海学院服装设计专业方向为例［J］. 大众文艺，2017（23）：236.

［103］代蕊华. 高校的教学、科研及其评价［J］. 高等教育研究，2000（1）：94－98.

［104］邓军，等．高校思想政治工作质量提升理论与实践：科研育人卷［M］．
  桂林：广西师范大学出版社，2019．

［105］徐凤麟．浅析强化理论及其在科研育人中的运用［J］．中国科技信息，
  2010（23）：239－241．

［106］武宇华．科教融合的大学本科人才培养模式研究［D］．济宁：曲阜师
  范大学，2014．

［107］陆锦冲．高校科研育人：内涵·方向·途径［J］．高等农业教育，2012
  （9）：3－5．